五轴编程实例系列教程

PowerMILL 五轴编程
实例教程

褚辉生　编著

机 械 工 业 出 版 社

本书完全从实用的角度,以案例的形式介绍了 PowerMILL 五轴编程的方法和技巧,内容涵盖了 PowerMILL 五轴编程的各个方面,包括加工工艺方案的制订、刀路的合理规划、加工策略的巧妙选择、刀轴的灵活控制、坐标系的智慧运用、粗精加工精确划定、刀路按需要分组后处理制作 NC 程序等。全书九个案例,每个案例都是典型的多轴编程的一个应用方面,最后一章详细介绍了多轴刀路后处理技术。每个案例都有完整的操作步骤,有助于读者掌握 PowerMILL 五轴编程方法。

本书的读者对象为企业工程技术人员和大学、高职院校师生,也可以作为 PowerMILL 五轴编程培训教科书。

图书在版编目(CIP)数据

PowerMILL 五轴编程实例教程/褚辉生编著. —北京:机械工业出版社,2012.6(2023.7 重印)

五轴编程实例系列教程

ISBN 978-7-111-38287-4

Ⅰ.①P⋯ Ⅱ.①褚⋯ Ⅲ.①数控机床-加工-计算机辅助设计-应用软件-教材 Ⅳ.①TG659-39

中国版本图书馆 CIP 数据核字(2012)第 090861 号

机械工业出版社(北京市百万庄大街 22 号 邮政编码 100037)
策划编辑:王英杰 责任编辑:王英杰 王丹凤
版式设计:霍永明 责任校对:张 征 姜 婷
封面设计:陈 沛 责任印制:郜 敏
北京富资园科技发展有限公司印刷
2023 年 7 月第 1 版第 5 次印刷
184mm×260mm·11.75 印张·285 千字
标准书号:ISBN 978-7-111-38287-4
ISBN 978-7-89433-487-9(光盘)
定价:39.80 元(含 1CD)

电话服务	网络服务
客服电话:010-88361066	机 工 官 网:www.cmpbook.com
010-88379833	机 工 官 博:weibo.com/cmp1952
010-68326294	金 书 网:www.golden-book.com
封底无防伪标均为盗版	机工教育服务网:www.cmpedu.com

前　言

随着计算机技术的快速发展，与之关联的数控技术也得到了飞速发展，尤其是高速切削技术与五轴联动加工技术已由快速发展阶段迈入了如今的成熟稳定应用阶段。在发达国家高速切削技术与五轴联动加工技术已经得到了十分广泛的应用，在国内高速切削技术与五轴联动加工技术正处在从国家核心部门独享使用到普通企业逐步开始使用的过渡阶段，影响该技术使用的不仅是高速切削技术与五轴联动机床较高的价格和机床操作的复杂性，更主要的是五轴联动数控加工程序的编制技术不够普及。本书编写的目的是帮助企业工程技术人员和高校师生提高五轴编程水平，为中国五轴加工技术的发展和应用贡献绵薄之力。

PowerMILL 是英国 Delcam Plc 公司开发的独立运行的 CAM 软件，它具备完整的加工方案，对预备加工模型不需人为干预，对操作者无经验要求，编程人员能轻松完成工作，可以有更多的时间来考虑工艺方案。PowerMILL 可以接受不同软件系统产生的三维 CAD 模型，可通过 IGES、STEP、VDA、STL 等标准 CAD 数据接口接受来自其他 CAD 系统的三维模型，并且还可直接接受来自 CATIA、Pro/ENGINEER、UnigraPhics、Solidworks、Cimatron 等公司的 CAD 模型文件。高速切削和五轴编程十分简单，刀路计算速度快，智能化程度高，刀轴控制灵活，非常适合编写高速切削及五轴加工程序。

本书作者长期从事数控技术、CAD/CAM 技术的教学、科研工作，为企业做过大量的 CAD/CAM 技术的培训，特别是为企业解决过许多复杂零件和五轴零件的编程难题，有丰富的编程经验和深刻的体会。本书完全从实用的角度出发，以案例的形式结合作者的编程体会，使读者掌握五轴编程的方法和技巧。

本书 1~9 章为加工编程实例，第 10 章为 DUCTPOST 后处理，从四轴到五轴、从简单零件到复杂零件、从加工策略到刀轴控制方法及后处理，涵盖了 PowerMILL 五轴编程的各个方面，再复杂的零件都是这些方法和技巧的组合，读者可以举一反三，触类旁通。第 8 章是作者精心安排的一个综合实例，读者可以从中学到很多的编程技术和技巧，细心阅读并能按照书中的步骤完成这个实例，相信读者会受益匪浅。

本书配套光盘中有 9 个案例用到的素材 CAD 零件文件，在相应的文件夹（如第 1 章为文件夹 "1"）下的 "source" 文件夹中，完成后的工程文件和经后处理的数控程序在相应文件夹下的 "finish" 文件夹中，在光盘 "post" 文件夹里放的是本书用到的后处理机床选项文件（"XinRui4axial. opt" 和 "Sky5axtt. opt"）。

约定：本书用到的词汇 "单击" 指 "单击鼠标左键"，"右击" 指 "单击鼠标右键"，"双击" 指 "快速击鼠标左键两下"，"刀路" 指 "刀具路径"。另外，本书不解释 Power-MILL 软件各个功能的含义，读者可参考其他 PowerMILL 书籍了解其功能含义。

读者若有更好的想法和技巧望能不吝赐教，提出宝贵意见，以利完善。

作　者

目　　录

第1章 圆柱凸轮加工实例

1.1 圆柱凸轮加工工艺分析

1. 零件加工特性分析

如图1-1所示，圆柱凸轮是在圆柱体上开出等宽的槽，槽深一致，滚子在槽中运动，当凸轮绕轴线转动一周时，在槽中的滚子就沿轴向运动一个来回，实现圆周运动到直线往复运动的转换。在轴线方向上，滚子最左边位置到最右边位置的轴向距离就是凸轮的工作行程，这是必须保证的，是凸轮最关键的参数。凸轮副的工作特性：滚子轴线必须与凸轮轴线垂直并重合，滚子前后不能动，上下也不能动，只能沿凸轮轴线左右运动，由此特性可以得到凸轮的加工方法，即用刀具代替滚子，刀具保持Y坐标和Z

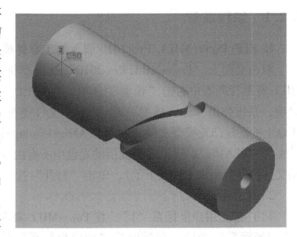

图1-1 圆柱凸轮零件

坐标不动，只沿着X坐标运动，圆柱形棒料装在机床第四轴回转工作台作旋转运动，X轴坐标值和第四轴坐标值按照凸轮槽中心轨迹线计算得到，刀具沿着中心轨迹线运动，凸轮槽就被加工出来了。本例中零件的具体尺寸：圆柱直径为100mm，轴向长度为300mm，槽宽为20mm，槽深为10mm，工作行程为120mm，凸轮材料为球墨铸铁。毛坯是直径为100mm、长为300mm的球墨铸铁圆柱体，外形已经加工到位，本实例只加工凸轮槽。

2. 编程要点分析

1）在凸轮槽的槽底用CAD软件设计凸轮槽中心轨迹线，这条中心轨迹线是编程的参考线，刀具沿着这条参考线运动就能加工凸轮槽（中心轨迹线在光盘"1"文件夹的"source"子文件夹里，文件名为"pattern. igs"，即"\1\source\pattern. igs"）。

2）利用PowerMILL参考线加工策略完成槽的粗、精加工，即利用参考线加工策略中的"多重切削"功能，使用比槽宽小的端铣刀（如刀具直径为19mm）作粗加工。再用参考线加工策略，但不用"多重切削"功能，使用φ20mm的端铣刀（刀具直径＝槽宽）作精加工，槽的侧面是工作面，要保证精度和表面粗糙度（槽宽的精度靠刀具直径值保证，这是很理想的状态）。

3. 加工方案（表1-1）

1）φ19mm的端铣刀，用圆柱凸轮槽的中心轨迹线作为参考线，利用"多重切削"功能完成粗加工。

表 1-1　圆柱凸轮的加工方案

序号	加工策略	刀具路径名	刀 具 名	步距/mm	切削深度/mm	余量/mm
1	参考线精加工	D19cu	D19	0	1.0	0
2	参考线精加工	D20jing	D20	0	0	0

2）ϕ20mm 的端铣刀，用圆柱凸轮槽的中心轨迹线作为参考线完成精加工。

1.2　圆柱凸轮加工编程过程

1.2.1　编程准备

1. 启动 PowerMILL Pro 2010 调入加工零件模型

双击桌面上"PowerMILL Pro 2010"快捷图标，PowerMILL Pro 2010 被启动。在 Power-MILL 资源管理器中右击"模型"选项，在弹出的"模型"快捷菜单中选择"输入模型"菜单项，系统弹出"输入模型"对话框，"文件类型"选择为"IGES（＊.ig＊）"，然后选择 D 盘上的圆柱凸轮模型文件"D：\PFAMfg\1\source\part. igs"（假定读者在 D 盘上建立一个文件夹为"PFAMfg"，再把本书提供的光盘中所有内容都复制到该文件夹下，后面的章节默认原始文件都复制到该文件夹下了），单击"打开"按钮，文件被调入，零件如图 1-1 所示。

2. 建立毛坯

（1）建立用户坐标系"1"　在 PowerMILL 资源管理器中右击"用户坐标系"选项，在弹出的"用户坐标系"快捷菜单中选择"产生用户坐标系"菜单项，系统弹出"用户坐标系编辑器"工具栏，名称就用默认值"1"，单击该工具栏上的绕 Y 轴旋转按钮

图 1-2　"旋转"对话框

，系统弹出"旋转"对话框，在"角度"下的文本框里输入 90，如图 1-2 所示，单击"接受"按钮，再单击工具栏上的"确认"按钮，完成用户坐标系"1"的建立。

（2）建立毛坯　单击主工具栏上"毛坯"按钮，弹出"毛坯"对话框，在对话框中按图 1-3 所示设置参数值（在"由 … 定义"后的文本框中选择"圆柱体"，在"坐标系"中选择"命名的用户坐标系"，在其右边下拉列表框中选择上一步建立的用户坐标系"1"），单击"计算"按钮，系统开始计算毛坯的尺寸，计算出的圆柱体毛坯如图 1-3 右边的实体图所示，单击"接受"按钮，完成毛坯创建。

> **技巧**　建立毛坯时默认的坐标系是世界坐标系，也就是本例中的工件坐标系（导入到 PowerMILL 中的世界坐标系），Z 轴与圆柱凸轮的轴线方向不一致，如果不建立用户坐标系直接用工件坐标系计算圆柱体毛坯，那么计算出的毛坯不符合实际要求。建立一个 Z 轴方向与圆柱凸轮轴线方向一致的用户坐标系，并用此坐标系作为计算毛坯的坐标系，就能计算出满足要求的圆柱体毛坯。

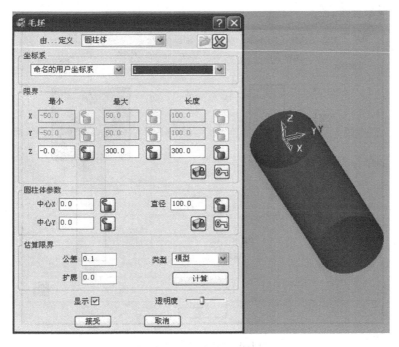

图 1-3　"毛坯"对话框及生成的毛坯

3. 创建刀具

（1）建立 φ19mm 端铣刀⊖D19　右击 PowerMILL 资源管理器中"刀具"选项，在弹出的快捷菜单中选择"产生刀具"的子菜单项"端铣刀"，系统弹出"端铣刀"对话框，如图 1-4 所示。在"刀尖"选项卡中，"直径"设置为 19，"长度"设置为 50，"名称"设置为 D19，"刀具编号"设置为 1，其他参数可以采用默认值；在"刀柄"选项卡中，"顶部直径"和"底部直径"都设置为 19，"长度"设置为 50；在"夹持"选项卡中，"顶部直径"和"底部直径"都设置为 50，"长度"也设置为 50，"伸出"长度设置为 70，其他值采用默认值即可。

（2）建立 φ20mm 端铣刀 D20　方法如上，只要把"直径"设置为 20，"刀具编号"设置为 2。

右击 PowerMILL 资源管理器中"刀具"选项下的"D19"，在弹出的"D19"快捷菜单中选择"激活"菜单项，D19 刀具被激活，使 D19 作为默认的加工刀具。

4. 建立参考线

右击 PowerMILL 资源管理器中"参考线"选项，在弹出的"参考线"快捷菜单中选择"产生参考线"菜单项，系统就在"参考线"下产生一条名称为"1"的参考线，但是现在这个参考线是空的，即没有数据的。因为本例只有一条参考线，所以在"参考线"工具栏上的"参考线"列表框里就只有参考线"1"，单击"参考线"工具栏上的"打开"按钮，系统弹出"打开参考线"对话框，把该对话框中"文件类型"选择为"IGES（＊.ig＊）"，然后

⊖　GB/T 21019—2007 规定术语采用"面铣刀"，但在 PowerMILL 中文版中用"端铣刀"，考虑文图一致，本书中仍采用"端铣刀"。

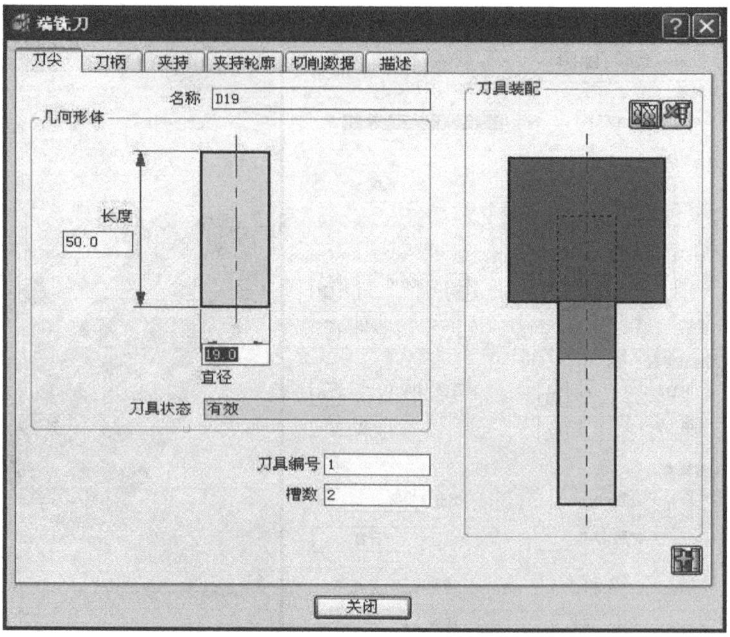

图 1-4 “端铣刀”对话框

选择 D 盘上的圆柱凸轮中心轨迹线文件“D：\PFAMfg\1\source\pattern. igs”，单击“打开”按钮，凸轮中心轨迹线作为 PowerMILL 的参考线被调入系统，完成参考线的建立，生成的参考线如图 1-5 所示。

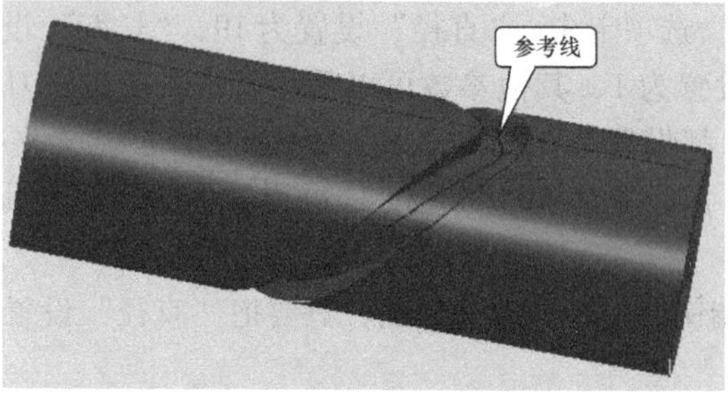

图 1-5 生成的参考线

技巧

如果“参考线”工具栏不在界面上，则单击 PowerMILL 主菜单“查看（V）”选项，系统弹出下拉菜单，单击“工具栏（T）”选项，又弹出下一级下拉菜单，再单击“参考线”（这时参考线前必然没有✔，否则该工具栏就出现在软件界面上了），则“参考线”前出现✔，同时在界面上出现“参考线”工具栏。其他工具栏的调出方法是一样的。

5. 部分加工参数预设置

（1）"进给和转速"参数设置 单击主工具栏"进给和转速"按钮，系统弹出"进给和转速"对话框，如图 1-6 所示，主要设置"切削条件"栏的参数："主轴转速"为 1200.0r/min；"切削进给率"为 1000.0mm/min；"下切进给率"为 200.0mm/min；"掠过进给率"为 3000.0mm/min。

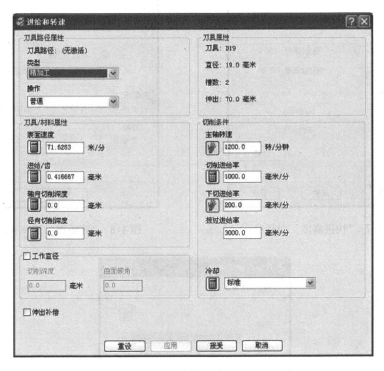

图 1-6 "进给和转速"对话框

其他参数栏的参数采用默认值即可。

（2）"快进高度"参数设置 单击主工具栏"快进高度"按钮，系统弹出"快进高度"对话框，按图 1-7 所示设置参数，单击"接受"按钮完成参数设置。

（3）"开始点和结束点"参数设置 单击主工具栏"开始点和结束点"按钮，系统弹出"开始点和结束点"对话框，"开始点"选项卡按图 1-8 所示设置（重点："使用"选择"第一点安全高度"），"结束点"选项卡按图 1-9 所示设置（重点："使用"选择"最后一点安全高度"），单击"接受"按钮完成参数设置。

> 选择一些在后面的刀具路径（以下简称"刀路"）生成过程中不需要（或者基本不需要）再改变的参数，首先对其进行设置，这样可以减少之后再生成刀路时相同参数的重复设置，能提高生成刀路的效率，通常也称这些参数是公共参数。以上"部分加工参数预设置"就是对这部分参数的设置，当然不是全部的公共参数都要设置，这里设置的是对后面刀路有直接影响的参数。

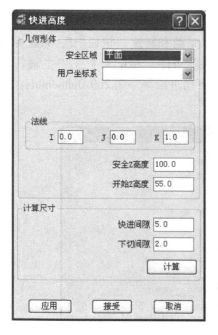

图 1-7 "快进高度"对话框

图 1-8 "开始点"选项卡设置

图 1-9 "结束点"选项卡设置

1.2.2 刀具路径的生成

1. 粗加工刀具路径 "D19cu" 的生成

单击主工具栏"刀具路径策略"按钮 ，系统弹出"策略选择器"对话框，单击"精加工"选项卡，选择"参考线精加工"加工策略，再单击"策略选择器"对话框下的"接受"按钮，系统弹出"参考线精加工"对话框，如图 1-10 所示。系统默认的刀具路径名称是"1"，把它改为 D19cu。在对话框的左边浏览器里有该加工策略用到的所有参数选项，用户并不需要对所有的选项都进行设置或修改参数，因为有很多选项（如"用户坐标系"、"毛坯"、"刀具"、"快进高度"、"开始点"、"结束点"、"进给和转速"）已经在编程准备中提前设置了，这里主要设置"参考线精加工"选项。因为是多轴加工，所以要对"刀轴"选项进行设置。如图 1-10 所示，系统弹出的对话框激活的就是"参考线精加工"选项，该选项的参数按图 1-11 所示进行设置（需要修改的参数："参考线"选择"1"，"底部位置"选择"驱动曲线"，"公差"设置为 0.01，其他采用默认值）。单击"参考线精加工"选项下的子选项"多重切削"，按图 1-12 所示设置（需要修改的参数："方式"选择"合并"，"排序方式"选择"范围"，"最大切削次数"的复选框打钩，在其文本框中输入10，"上限"的复选框打钩并在其文本框里输入 10.0，"最大下切步距"文本框里输入 1.0，其他参数采用默认值）。至此，"参考线精加工"选项参数设置结束。单击"刀轴"选项，系统默认的"刀轴"为"垂直"，即"刀轴"垂直于 XY 平面，这是三轴加工的默认刀轴设置如图 1-13 所示。本例中刀轴必须设置为始终垂直于圆柱凸轮的轴线，所以，单击"刀轴"按钮，系统弹出"刀轴"对话框，如图 1-14 所示。在"定义"选项卡中，"刀轴"选择"朝向直线"，"点"采用系统默认值，"方向"设置中"I"为 1.0，"J"为 0.0，"K"为 0.0（定义的直线就是圆柱凸轮的轴线），其他参数都采用默认值即可，单击"接受"按

图 1-10　"参考线精加工"对话框

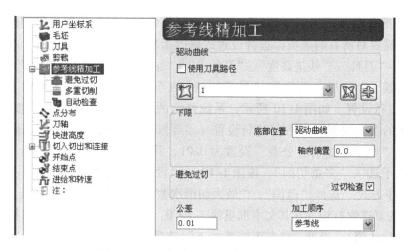

图 1-11 "参考线精加工"选项参数设置

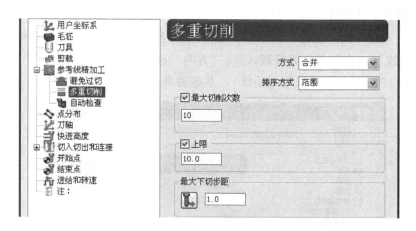

图 1-12 "参考线精加工"选项下子选项"多重切削"参数设置

图 1-13 "刀轴"默认的参数设置（垂直）

钮完成刀轴的设置。这样，"参考线精加工"加工策略需要设置或修改的参数都设置完成，单击"参考线精加工"对话框下的"计算"按钮，系统开始计算刀具路径，计算结果得到图 1-15 所示的粗加工刀路，最后单击"取消"按钮完成刀路的生成。

单击"ViewMILL"工具栏上"启动 ViewMILL"按钮 ⬤，系统进入 ViewMILL 三维仿真环境。单击该工具栏"彩虹阴影图像"按钮 🛢，确定在"仿真"工具栏里"当前刀具路径"里选择的是"D19cu"（如果不是，则需选择"D19cu"刀具路径），单击"仿真"工具

图 1-14　"刀轴"对话框

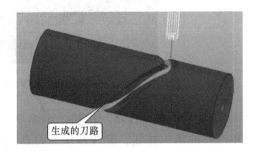

图 1-15　"参考线精加工"加工策略生成的
粗加工刀路"D19cu"

栏上"运行"按钮 ▶，系统开始三维仿真切削过程，其仿真结果如图 1-16 所示。单击
"ViewMILL"工具栏上"退出 ViewMILL"按钮 ⓪，结束三维仿真。

技巧　　　虽然这里选择的"参考线精加工"是精加工策略里的加工方法，但做的却是粗加工，关键是利用了该加工策略里的"多重切削"功能，同时利用本零件的特殊性槽宽和槽深各处均相同，刀具沿着中心轨迹线逐层向下加工就能实现粗加工，所以在学软件时不能死抠命令，要灵活应用软件的功能。

2. 精加工刀具路径"D20jing"的生成

在 PowerMILL 资源管理器中单击" ⊞ 刀具路径"选项里的加号 ⊞，展开"刀具路径"下已经生成的刀具路径。右击刀具路径"D19cu"，系统弹出快捷菜单。如果"激活"菜单项前面没有打钩（表示此刀路没有被激活），就单击"激活"菜单项激活本刀路。否则就直接单击"设置"菜单项，系统弹出 D19cu 刀具路径的设置对话框，单击"复制此刀具路径"按钮 ▣，系统自动生成与"D19cu"完全一样的名称为"D19cu_1"的刀具路径。修改此"刀具路径名称"为 D20jing。单击对话框浏览器里"刀具"选项，在刀具下拉列表框中，系统默认的刀具是上一个刀具路径里用的刀具"D19"，这里选择"D20"刀具，如图 1-17 所示。单击"参考线精加工"选项，"底部位置"选择"自动"，也是系统的默认项，意味着加工轨迹只有一条线（"多重切削"自动失效），其他的参数均采用系统默认项，

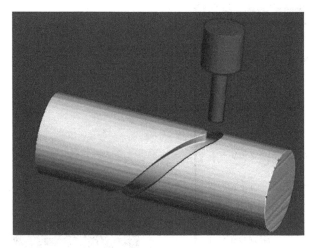

图 1-16   粗加工刀路 "D19cu" 三维仿真结果

如图 1-18 所示。单击 "计算" 按钮，系统开始计算刀路，计算得到图 1-19 所示的精加工刀路。单击 "取消" 按钮，完成精加工刀具路径的生成。读者可自己完成刀路 "D20jing" 的三维仿真，三维仿真结果如图 1-20 所示。

图 1-17   "刀具" 选项参数设置

图 1-18   "参考线精加工" 参数设置

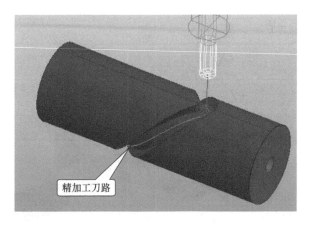

精加工刀路

图 1-19　"参考线精加工"加工策略生成的精加工
刀路"D20jing"

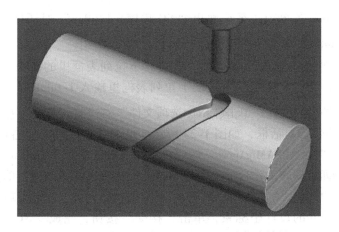

图 1-20　精加工刀路"D20jing"三维仿真结果

1.2.3　刀具路径后处理生成 NC 程序

1. 针对加工中心 NC 程序的生成

不同的机床，采用的后处理是不一样的。而针对不同的机床配置（是否带刀库），其做后处理以及怎样组合刀路成一个或几个数控加工程序也是不一样的。本实例用四轴机床完成圆柱凸轮的加工，首先考虑的是四轴加工中心（带刀库）的程序制作（而不带刀库的四轴数控铣床程序的制作后面会介绍）。机床配置为：第四轴为绕 X 轴旋转的 A 轴，第四轴自带自定心卡盘以及尾架；机床还配有容纳 20 把刀的刀库。四轴机床坐标轴关系图如图 1-21 所示。工件右边装夹在第四轴的自定心卡盘里，左边由尾架的顶尖顶住，工件坐标系必须建在圆柱凸轮的轴线上（也就是 X 轴必须与圆柱凸轮的轴线重合），机床坐标系的原点可以放在左端面（或者右端面上），从调入的零件看，零件的设计坐标系是建在左端面轴线上的，所以可以直接把零件的设计坐标系（也就是 PowerMILL 的世界坐标系）作为输出数控程序的坐标系（工件坐标系）。

在 PowerMILL 资源管理器中右击"NC 程序"选项，在弹出的"NC 程序"快捷菜单中

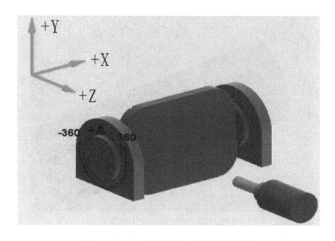

图 1-21　四轴机床坐标轴关系图

选择"产生 NC 程序"菜单项，系统弹出"NC 程序：1-tulun"对话框，如图 1-22 所示。"名称"修改为 1-tulun，单击"输出文件"的"打开"按钮，弹出"选取输出文件名"对话框，如图 1-23 所示。单击"保存在"右边"下拉列表框里的箭头，选择文件夹"D：\PFAMfg\1\finish"，在"文件名"右边的下拉列表框里输入 1-tulun.nc，单击"保存"按钮完成文件夹及文件名的设置。单击"机床选项文件"右边的"打开"按钮，系统弹出"选取机床选项文件名"对话框，如图 1-24 所示。单击"查找范围"右边下拉列表框里的箭头，选择文件夹"D：\PFAMfg\post"然后在文件列表里选择"XinRui4axial.opt"机床选项文件（江苏新瑞四轴回转工作台加工中心 Fanuc Series 0i-MC 系统），单击"打开"按钮，完成机床选项文件的选择。"输出用户坐标系"不用选择，为空，表示就用 PowerMILL 的世界坐标系，也就是零件的设计坐标系，单击"接受"按钮，完成"NC 程序：1-tulun"的生成。

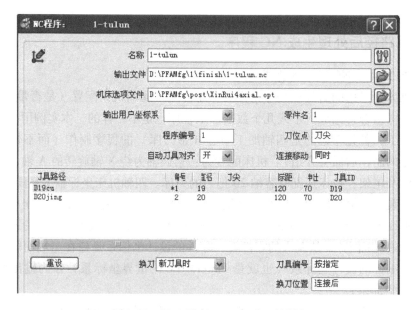

图 1-22　"NC 程序：1-tulun"对话框

图 1-23　"选取输出文件名"对话框

图 1-24　"选取机床选项文件名"对话框

　　右击 PowerMILL 资源管理器中"刀具路径"下的"D19cu"刀路，在弹出的"D19cu"快捷菜单中选择"增加到"子菜单项"NC 程序"，刀路"D19cu"就被加载到程序"1-tulun"里面，用同样的方法把"D20jing"刀路加载到程序"1-tulun"里面。右击程序"1-tulun"，在弹出的"1-tulun"快捷菜单中选择"写入"菜单项，系统开始后处理刀路，也就是通过前面选择的机床选项文件"XinRui4axial. opt"把刀具路径转换成适合"XinRui4axial. opt"选项文件描述的机床加工的数控程序，后处理结束后系统弹出图 1-25 所示的"信息"对话框。在文件夹"D：\PFAMfg\1\finish"下就生成名称为"1-tulun. nc"的文本文件（实例 1 凸轮数控加工总程序，加工中心，所有工序集中在一起）。用写字板打开该文件，如图 1-26 所示。

2. 针对数控加工铣床 NC 程序的生成

　　除了机床不带刀库外，其他设置跟前面机床配置完全一样。不带刀库的数控加工机床，需要手动换刀，程序就不能用自动换刀指令，所以在处理这样的机床加工程序时，就要考虑一把刀具用一个程序的思路，一个程序加工结束，手动换刀后调入另外一个程序加工。针对不带刀库的数控加工机床，后置处理程序的原则：同一把刀具下的所有刀路处理成一个程序

图 1-25 后处理完成后的"信息"对话框

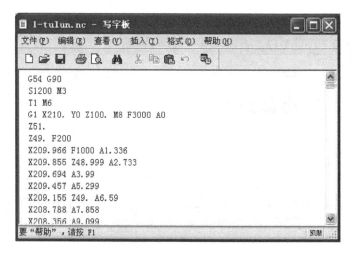

图 1-26 用写字板打开的后处理转化后的数控加工文件

或者按加工工序来出程序。

右击 PowerMILL 资源管理器中"刀具路径"下的"D19cu"刀路，在弹出的"D19cu"快捷菜单中选择"产生独立的 NC 程序"菜单项，系统就在"NC 程序"选项下生成名为"D19cu"的程序。同样的方法，右击"D20jing"刀路，选择"产生独立的 NC 程序"菜单项，生成名为"D20jing"的程序。

右击 PowerMILL 资源管理器中"NC 程序"选项下的"D19cu"程序，在弹出的"D19cu"快捷菜单中选择"设置…"菜单项，系统弹出"NC 程序：D19cu"对话框，如图 1-27 所示。"名称"就用系统自动设置的 D19cu，"输出文件"设为"D：\PFAMfg\1\finish\1-D19cu.nc"，"机床选项文件"选择"D：\PFAMfg\post\XinRui4axial.opt"文件，单击对话框的"写入"按钮，系统就在文件夹"D：\PFAMfg\1\finish\"下生成了粗加工数控程序"1-D19cu.nc"（实例 1 刀具直径为 19mm 端铣刀粗加工数控程序）。同样的方法生成精加工程序"1-D20jing.nc"（实例 1 刀具直径为 20mm 端铣刀精加工数控程序）。粗加工数控程序和精加工数控程序的具体内容可用写字板打开查看。

不管是加工中心还是数控机床，程序输入到机床（或者 DNC 方式），机床的工件坐标系建立在圆柱体的左端面上，且加工坐标系（即工件坐标系）必须跟 PowerMILL 后置处理

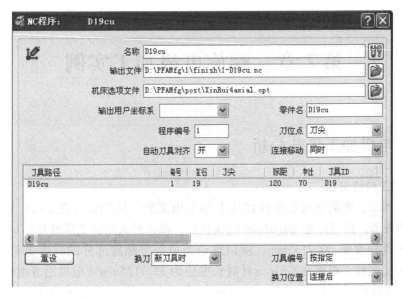

图 1-27 "NC 程序：D19cu" 对话框

程序时的坐标系一致。

在文件夹 "D：\PFAMfg\1\finish\" 下保存文件名为 "1-圆柱凸轮加工" 的工程。

> **技巧** 机床选项文件一般是按能自动换刀的配置设置的，也就是机床是带刀库的。对于机床不带刀库的情况，可以修改机床选项文件里关于第一次换刀和中间自动换刀的代码段，把这部分内容设置为空即可，这样，输出的 NC 程序就没有换刀的指令了。
>
> define block tool change first   end define
>
> define block tool change   end define
>
> 当然，也可以直接用带自动换刀的后处理文件，机床会跳过换刀指令，还可以手工在数控程序中删除换刀指令。

第2章 螺旋电极加工实例

2.1 螺旋电极加工工艺分析

1. 零件加工特性分析

如图2-1所示，螺旋电极是在圆柱体上加工出来的，从端面（图2-2）看，最外面是
φ6.6mm的圆柱面，最里面是φ4.62mm的圆柱面，单边最大的加工深度是0.99mm，需要电
火花加工的工件深度是30.7135mm，所以理论上电极带螺旋部分的长度也是30.7135mm。
但考虑到加工工艺性，电极在CAD设计时长度应为35.7135mm（电极沿着电极轴向螺旋延
长5mm），毛坯设计成φ6.6mm×32.7135mm，保证加工出来的电极有30.7135mm的螺旋
部分。

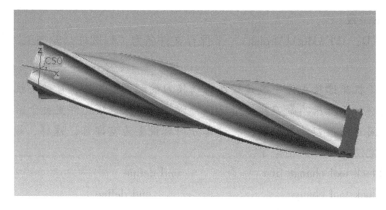

图2-1 螺旋电极零件

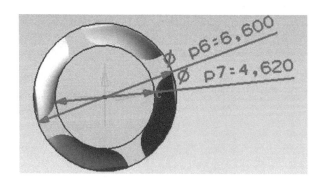

图2-2 螺旋电极零件右端面

毛坯已经车削到φ6.6mm，材料为黄铜，电极零件的外圆柱面已经不需要加工，从外圆
柱面到内圆柱面的半径距离不到1mm。由于电极的尺寸比较小（内圆柱面直径为

φ4.62mm），加工时零件的刚性不好，所以只能用小刀具、小切削用量加工，这势必带来加工时间的增加，而且零件是螺旋的，去除的加工余量就不均匀，更会导致加工过程的振动，通常的解决办法就是再减小每刀切削量，延长加工时间，所以设计合理刀路的关键，是尽量利用零件本身的特性来提高加工效率。第 1 章实例的启发：如果加工的刀路沿着电极零件的螺旋线方向，就可以减少很多的跳刀路径，而且沿着螺旋线产生的刀路其每刀的切削量很均匀，还可以减少工件的振动。

2. 编程要点分析

1）作为对比，首先用普通的三轴粗加工加工策略来作刀具路径，基本要素就是刀具、毛坯、零件和合适的加工策略。

2）沿着螺旋线的方向走刀，使用的加工策略依然是参考线加工策略，关键就是要有沿着螺旋线的参考线。由于刀具直径比较小，再加上每刀切削量很小，这样要切除部分的参考线就要密些。仅仅选择零件本身的曲面边界线作参考线无法满足加工要求，所以需要用CAD 软件设计出沿着螺旋线的曲线，就是编程的参考线，刀具沿着这些参考线运动就能去除螺旋形的零件余量（为便于读者能顺利按着书中的步骤做出加工程序，作者把参考线已经做好，放在光盘"2"文件夹里的"source"子文件夹里，文件名为"pattern. igs"，即 D盘的"D：\PFAMfg\2\source\pattern. igs"文件。读者也可以根据本书的思路自己选择 CAD软件，把电极零件文件"D：\PFAMfg\2\source\hexpole. igs"调入 CAD 软件来设计这些参考线，再把这些曲线输出作为 PowerMILL 的参考线（比较两条参考线的差别）。

3）使用 PowerMILL 螺旋精加工策略来完成螺旋电极零件半精加工和精加工。

3. 加工方案（表 2-1）

1）作为比较：φ6mm 球头刀，利用 PowerMILL 三轴"模型区域清除"加工策略粗加工。

表 2-1　螺旋电极的加工方案

序号	加工策略	刀具路径名	刀具名	步距/mm	切削深度/mm	余量/mm
1	模型区域清除	B6Cuoffset	B6	0.3	0.1	0.08
2	参考线精加工	B6CuPattern	B6	0.3	0.1	0.08
3	螺旋精加工	B6BanJing	B6	0.1		0
4	螺旋精加工	B2Jing	B2	0.07		0

2）φ6mm 球头刀，利用 PowerMILL "参考线精加工"加工策略沿着螺旋线粗加工。

3）φ6mm 球头刀，利用 PowerMILL "螺旋精加工"加工策略半精加工。

4）φ2mm 球头刀，利用 PowerMILL "螺旋精加工"加工策略精加工。

2.2　螺旋电极加工编程过程

2.2.1　编程准备

1. 启动 PowerMILL Pro 2010 调入加工零件模型

双击桌面上"PowerMILL Pro 2010"快捷图标，PowerMILL Pro 2010 被启动。右击"模

型"元素目录，在弹出的"模型"快捷菜单中选择"输入模型"菜单项，系统弹出"输入模型"对话框。把该对话框中"文件类型"选择为"IGES（*.ig*）"，然后选择 D 盘上的螺旋电极模型文件"D：\PFAMfg\2\source\hexpole.igs"，单击"打开"按钮，文件被调入，零件如图 2-3 所示。

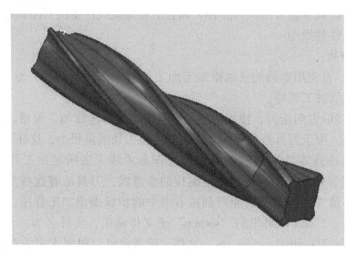

图 2-3　螺旋电极零件调入 PowerMILL

　如果调入的零件表面颜色不一致（蓝色表示外表面，红色表示内表面），是因为不同的 CAD/CAM 软件对曲面外法线的定义不同，或者在它们之间转换时算法不一致造成的，虽然不一致的曲面外法线并不影响刀路的生成，但最好是把它们设置成一样。设置方法很简单，即单击红色的曲面（需选中多个曲面时，按住＜Shift＞键的同时连续单击多个曲面），然后右击，在弹出的快捷菜单中选择"反向已选"菜单项，曲面变成蓝色。

2. 建立毛坯

单击主工具栏上"毛坯"按钮，系统弹出"毛坯"对话框，"由…定义"选择"三角形"，然后单击右上角的"打开"按钮，系统弹出"通过三角形模型打开毛坯"对话框，"文件类型"选择"IGES（*.ig*）"，"查找范围"定位到"D：\PFAMfg\2\source"文件夹，如图 2-4 所示。选择"block.igs"文件，单击"打开"按钮，系统开始转换毛坯零件，转换结果如图 2-5 所示。单击"接受"按钮，完成毛坯的创建。

　形状简单的毛坯（长方体或圆柱体）可以在 PowerMILL 中直接计算，当毛坯的形状比较复杂时，可以通过 PowerMILL 提供的"三角形"功能直接调取各种 CAD 软件设计的毛坯实体零件。特别是要加工的零件是铸件时，如果不按实际的铸件形状和尺寸设计毛坯，而是由 PowerMILL 自动计算而成，这样得出的刀路会有很多是空刀路径，加工效率也会比较低。

图 2-4　"通过三角形模型打开毛坯"对话框

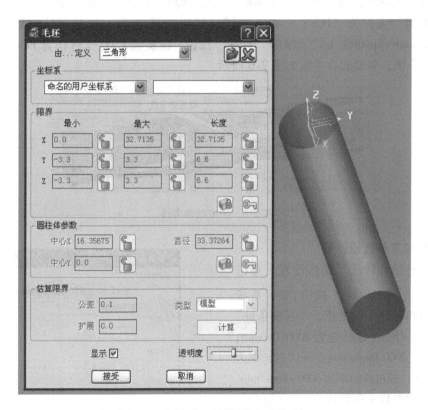

图 2-5　"毛坯"对话框及生成的毛坯

3. 创建刀具

（1）建立 φ6mm 球头刀 B6　右击 PowerMILL 资源管理器中"刀具"选项，单击"产生刀具"→"球头刀"，系统弹出"球头刀"对话框。在"刀尖"选项卡中，"直径"设置为 6，"长度"设置为 30，"名称"设置为 B6，"刀具编号"设置为 1。在"刀柄"选项卡中，"顶部直径"和"底部直径"都设置为 6，"长度"设置为 30。在"夹持"选项卡中，"顶部直径"和"底部直径"都设置为 52，"长度"设置为 50，"伸出"长度设置为 40，其他参数不修改（刀具设置对话框参见图1-4）。

（2）建立 φ2mm 球头刀 B2　同上方法打开"球头刀"对话框，在"刀尖"选项卡中，"直径"设置为2，"长度"设置为10，"名称"设置为B2，"刀具编号"设置为2。在"刀柄"选项卡中，"顶部直径"和"底部直径"都设置为6，"长度"设置为20。在"夹持"选项卡中，"顶部直径"和"底部直径"都设置为52，"长度"设置为50，"伸出"长度设置为25，其他参数不修改。

右击 PowerMILL 资源管理器中"刀具"选项下的"B6"，在弹出的"B6"快捷菜单中选择"激活"菜单项，使 B6 作为默认的加工刀具。

4. 建立参考线

右击 PowerMILL 资源管理器中"参考线"选项，在弹出的"参考线"快捷菜单中选择"产生参考线"菜单项，系统就在"参考线"选项下产生了一条名称为"1"的参考线。单击"参考线"工具栏上的"打开"按钮 ，系统弹出"打开参考线"对话框，把该对话框中"文件类型"选择为"IGES（∗.ig∗）"，然后选择 D 盘上的螺旋线 CAD 文件"D：\PFAMfg\2\source\pattern.igs"，单击"打开"按钮，螺旋线 CAD 文件作为 PowerMILL 的参考线被调入系统，生成的参考线如图2-6所示。

图2-6　生成的参考线

5. 部分加工参数预设置

（1）"进给和转速"参数设置　单击主工具栏"进给和转速"按钮 ，系统弹出"进给和转速"对话框，"切削条件"栏的参数修改有：主轴转速为4000.0r/min；切削进给率为2000.0mm/min；下切进给率为200.0mm/min；掠过进给率为3000.0mm/min。其他参数栏的参数采用默认值，"进给和转速"对话框参见图1-6。

（2）"快进高度"参数设置　单击主工具栏"快进高度"按钮 ，系统弹出"快进高度"对话框，如图2-7所示设置参数，单击"接受"按钮完成参数设置。

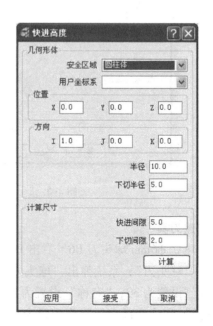

图2-7　"快进高度"对话框

> 　　快进高度设置的就是刀具的安全位置，刀具在安全位置以上可以任意快速移动。普通三轴加工的安全位置就是某个 Z 平面，这个平面以上就是安全的，可以快速移动刀具，但对于多轴（主要是四轴和五轴）加工，安全区域相对比较复杂，PowerMILL 提供了四种安全区域（分别是平面、圆柱体、球和方框），针对不同的零件和机床配置选择不同的安全区域。本例选择圆柱体。

　　（3）"开始点和结束点"参数设置　单击主工具栏"开始点和结束点"按钮，系统弹出"开始点和结束点"对话框，"开始点"选项卡中"使用"选择"第一点安全高度"，"结束点"选项卡中"使用"选择"最后一点安全高度"，其他参数采用默认值，单击"接受"按钮完成参数设置，设置对话框参见图 1-8 和图 1-9。

2.2.2　刀具路径的生成

1. 粗加工刀具路径"B6Cuoffset"的生成

　　单击主工具栏"刀具路径策略"按钮，系统弹出"策略选择器"对话框，单击"三维区域清除"选项卡，选择"模型区域清除"加工策略，再单击"策略选择器"对话框下的"接受"按钮，弹出"模型区域清除"加工策略对话框，"修改刀具路径名称"为B6Cuoffset，"模型区域清除"选项参数的设置如图 2-8 所示，特别注意几个参数的设置（"余量"为 0.2，"行距"为 0.3，"下切步距"选择"自动"，并输入 0.1）。单击"切入切出和连接"选项，参数的设置如图 2-9 所示。浏览器里其他参数不需要修改，都采用默认值即可（正如第 1 章所述，需要设置的基本参数在前面的"部分加工参数预设置"里首先进行了设置，还有一些参数如本例中的"用户坐标系"、"剪裁"、"刀具补偿"、"点分布"等都不需要修改）。单击"计算"按钮，系统开始计算刀具路径，计算结果得到图 2-10 所示的刀路。可以看出该刀路有很多的跳刀，最后单击"接受"按钮完成刀具路径的生成。单击"ViewMILL"工具栏"启动 ViewMILL"按钮，系统进入 ViewMILL 三维仿真环境，单击"彩虹阴影图像"按钮，确定在"仿真"工具栏里"当前刀具路径"里选择的是"B6Cuoffset"刀路，再单击"仿真"工具栏"运行"按钮，系统开始三维仿真切削过程，其仿真结果如图 2-11 所示。单击"退出 ViewMILL"按钮，结束三维仿真。

　　从图 2-11 所示的刀路仿真结果可以看到有很多地方没有铣削到（箭头指示的部分是没有铣削到的面积比较大的部分），如果直接在此基础上半精加工和精加工，加工余量会非常不均匀，且电极比较小（最细部位的直径为 $\phi 4.62\text{mm}$），加工时必然带来较大的振动，会严重影响电极的加工精度，甚至会产生废品。现在只粗加工了一半零件，如果要粗加工另一半，需建立一个用户坐标系。这个坐标系就是现在的世界坐标系绕 X 轴旋转 180°，激活这个坐标系，在该坐标系下用"模型区域清除"粗加工策略粗加工另一半。注意：本例中用三轴粗加工只是为了对比用，实际加工时是不采用这样方法的。本例采用的粗加工方法是用 PowerMILL 参考线精加工策略，所以另一半的粗加工留给读者自己完成。所有的粗加工策略

图2-8 "模型区域清除"选项参数的设置

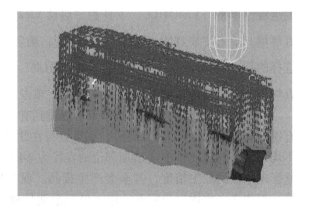

图2-9 "切入切出和连接"选项参数的设置

图2-10 "模型区域清除"粗加工策略
生成的刀路"B6Cuoffset"

都是三轴的，默认的刀轴就是 Z 轴方向，所以用三轴粗加工很难满足螺旋形零件的粗加工要求。从第 1 章的例子中可知，沿着螺旋线建立参考线，再用参考线加工策略中的"多重切削"功能实现粗加工。关键就是要用 CAD 设计完成这样的曲线。设计这些曲线时要注意所有的曲线最好是一条曲线（一条样条线），这样的曲线在转换到 PowerMILL 的参考线时是比较好的。

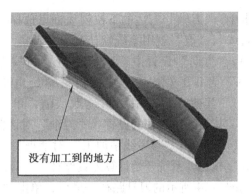

没有加工到的地方

图 2-11　粗加工刀路
"B6Cuoffset" 三维仿真结果

2. 粗加工刀具路径"B6CuPattern"的生成

单击主工具栏"刀具路径策略"按钮，系统弹出"策略选择器"对话框，单击"精加工"选项卡，选择"参考线精加工"加工策略，再单击"策略选择器"下的"接受"按钮，修改"刀具路径名称"为 B6CuPattern，参数按图 2-12 所示修改。单击"多重切削"子选项，按图 2-13 所示设置参数："方式"选择"合并"；"排序方式"选择"范围"；"最大切削次数"的文本框输入 9；"上限"的文本框输入 1.0；"最大下切步距"的文本框输入 0.1。单击"刀轴"选项，系统默认的"刀轴"为"垂直"。本例中刀轴必须设置为始终垂直于螺旋电极的轴线。单击"刀轴"按钮，系统弹出"刀轴"对话框，在"定义"选项

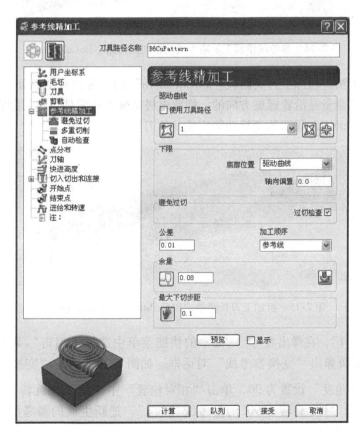

图 2-12　"参考线精加工"对话框

卡中，"刀轴"右边的下拉列表框里选择"朝向直线"，"点"就用系统默认的坐标原点（0，0，0），"方向"设置中"I"为1.0，"J"为0.0，"K"为0.0（定义的直线就是螺旋电极的轴线），其他参数都采用系统默认值，单击"接受"按钮完成刀轴的设置（"刀轴"对话框见图1-14）。单击"参考线精加工"对话框中的"计算"按钮，系统开始计算刀具路径，计算结果得到图2-14所示的刀具路径。最后，单击"取消"按钮完成刀具路径的生成。

图2-13 "参考线精加工"子选项
"多重切削"参数设置

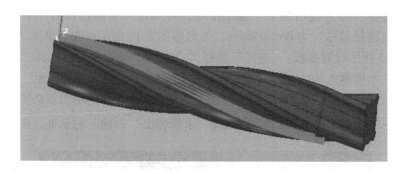

图2-14 参考线精加工策略生成的粗加工刀路"B6CuPattern"

按第1章的方法，粗加工刀具路径"B6CuPattern"的三维仿真结果如图2-15所示。可以看到去除的加工余量是沿着螺旋方向的。螺旋电极是轴对称零件，本刀路完成了1/4的任务，下面通过PowerMILL灵活的变换功能完成其他刀路的创建。

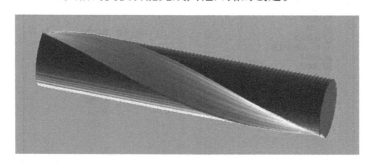

图2-15 粗加工刀具路径"B6CuPattern"三维仿真结果

右击参考线"1"，在弹出参考线"1"的快捷菜单中选择"编辑"菜单项下的子菜单项"变换…"，系统弹出"变换参考线"对话框。如图2-16所示。"变换复制"复选框打钩，"旋转"的"角度"设置为90，单击"相对位置"中"绕X轴旋转" ![按钮]按钮，系统即可产生由参考线"1"旋转了90°的参考线"1_1"。把新生成的参考线"1_1"改名为"2"，结果如图2-17所示。

图 2-16 "变换参考线"对话框

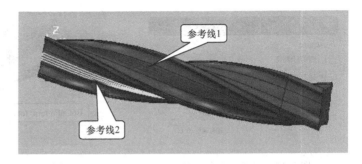

图 2-17 把参考线"1"绕 X 轴旋转 90°复制生成参考线"2"

　　同样的方法把参考线"2"绕 X 轴旋转 90°复制成参考线"3",再把参考线"3"绕 X 轴旋转 90°复制成参考线"4"。右击刀具路径"B6CuPattern",在弹出的快捷菜单中选择"激活"菜单项,再次右击刀具路径"B6CuPattern",选择"设置"菜单项,系统弹出"参考线精加工"对话框(这个对话框已经设置过参数,并且已经生成了刀路,参数设置如图 2-12 所示,生成的刀路如图 2-14 所示),单击"基于此刀路产生一新的刀路"按钮，系统复制一份跟刀路"B6CuPattern"完全一样的刀路参数,修改刀具路径名"B6CuPattern_1"为"B6CuPattern_total",单击"计算"按钮,系统生成一个跟"B6CuPattern"完全一致的名称为"B6CuPattern_total"的刀路。同上方法,右击"B6CuPattern_total"刀路,选择"设置"菜单项,系统弹出"参考线精加工"对话框,单击 按钮,系统生成名称为"B6CuPattern_total_1"的"参考线精加工"对话框,单击参考线列表框右边的下拉箭头,在弹出的列表框里选择参考线"2",如图 2-18 所示。其他参数都不需要修改。单击"计算"按钮,系统开始计算刀路,计算结果如图 2-19 所示。同样的方法,由参考线"3"生成刀路"B6CuPattern_total_2",参考线"4"生成刀路"B6CuPattern_total_3",至此四个刀路全部生成。单击刀路"B6CuPattern_total_1",同时按住键盘上的 < Ctrl > 键,把刀路"B6CuPattern_total_1"拖到刀路"B6CuPattern_total"上松开鼠标左键,系统弹出图 2-20 所示"PowerMILL 询问"对话框,单击"是(Y)"按钮,刀路"B6CuPattern_total_1"被加到刀路"B6CuPattern_total"的后面并合成一个刀路。用同样的方法把刀路"B6CuPattern_total_2"和"B6CuPattern_total_3"也合并到刀路"B6CuPattern_total"中。这样,整个螺旋电极的四个螺旋槽的刀路全部合并到"B6CuPattern_total"中了。右击刀具路径"B6CuPattern_total",在弹出的快捷菜单中选择"激活"菜单项,单击主工具栏"快进高度"按钮，系统弹出"快进高度"对话框,单击"应用"按钮,系统重新计算进刀刀路和退刀刀路,然后单击"接受"按钮,最后形成的刀路"B6CuPattern_total"如图 2-21 所示,其三维仿真结果如图 2-22 所示。三个刀路"B6CuPattern_total_1"、"B6CuPattern_total_2"和"B6CuPattern_total_3"已经合并到了刀路"B6CuPattern_total"中。为了使刀路结构清晰,可把这三个刀路删除,

其方法：右击刀路"B6CuPattern_total_1"，在弹出的快捷菜单中选择"删除刀具路径"菜单项，该刀路被删除。用同样方法删除"B6CuPattern_total_2"和"B6CuPattern_total_3"。

图 2-18　选择新的参考线

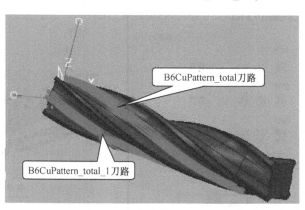

图 2-19　新生成的"B6CuPattern_total_1"刀路

图 2-20　"PowerMILL 询问"对话框

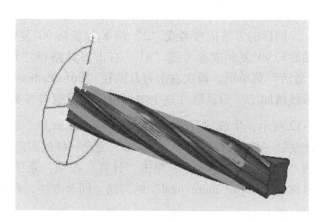

图 2-21　合并后的刀路"B6CuPattern_total"

图 2-22　合并后的刀路"B6CuPattern_total"三维仿真结果

本例选择旋转复制参考线的方法，每个参考线可以生成一个刀路，因为是同一个坐标系，所以四个刀路可以合并成一个刀路。另外一个方法是旋转复制刀路本身。右击刀路，在弹出的快捷菜单中选择"编辑"菜单项的子菜单项"变换…"，系统弹出与图 2-16 类似的刀路变换对话框，也是选择绕 X 轴旋转 90°复制刀路，生成一个新的刀路。旋转 180°复制第二个刀路，旋转 270°复制第三个刀路。这三个刀路不能合并，因为它们的坐标系不一样，而在做后处理时却可以合并成一个程序。

3. 半精加工刀具路径"B6BanJing"的生成

单击主工具栏"刀具路径策略"按钮，系统弹出"策略选择器"对话框，单击"精加工"选项卡，选择"旋转精加工"加工策略，单击"接受"按钮，弹出"旋转精加工"对话框，"刀具路径名称"为 B6BanJing，其他参数如图 2-23 所示修改，单击"计算"按钮，系统开始计算刀路，运算结果生成如图 2-24 所示刀路。由于螺旋电极的螺旋面最小圆角半径是 1mm，所以用直径为 6mm 的球头刀是铣不到最小圆角部分的。虽然在这个加工参数里设置的余量是零，但实际电极上还有部分余量没有加工到，增加半精加工刀路的目的是精加工时只切削较少的余量。因为精加工的刀具直径小，刚性较差，所以较小的切削量可以减少加工过程中的振动，提高零件表面的加工质量。

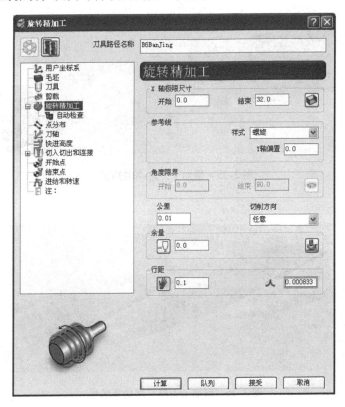

图 2-23　"旋转精加工"对话框

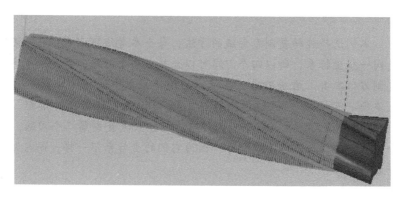

图 2-24 半精加工刀路 "B6BanJing"

4. 精加工刀具路径 "B2Jing" 的生成

精加工刀路和半精加工刀路的生成基本一样，也是采用 "旋转精加工" 策略，只是把刀具改为直径为 2mm 的 B2，行距改为 0.07（即 7×10^{-2}mm），其他参数都不需要修改，操作过程不再赘述。生成的刀路如图 2-25 所示。跟半精加工刀路比较，从半径方向看精加工刀路明显比半精加工刀路窄，轴向的刀路密度比半精加工刀路密度大。精加工刀路三维仿真结果如图 2-26 所示，与粗加工的三维仿真结果相比，两者有明显的差异。

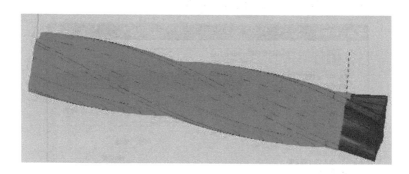

图 2-25 精加工刀路 "B2Jing"

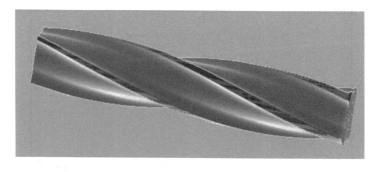

图 2-26 精加工刀路三维仿真结果

2.2.3　刀具路径后处理生成 NC 程序

1. 针对数控加工中心机床 NC 程序的生成

机床配置同第 1 章，在 PowerMILL 资源管理器中右击"NC 程序"，在弹出的"NC 程序"快捷菜单中选择"产生 NC 程序"菜单项，系统弹出"NC 程序：1"后处理设置对话框，修改名称为 2-dianji，"输出文件"为"D：\PFAMfg\2\finish\2-dianji.nc"，"机床选项文件"为"D：\PFAMfg\post\XinRui4axial.opt"。同第 1 章一样，出程序的坐标系就是 PowerMILL 的世界坐标系（零件的设计坐标系），"输出用户坐标系"不用选择，为空。单击"接受"按钮完成程序"2-dianji"的创建，如图 2-27 所示。

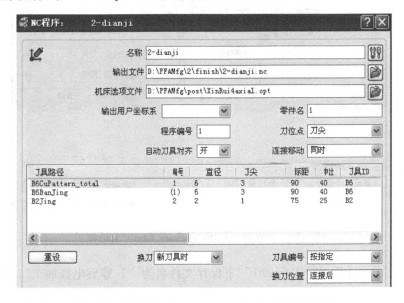

图 2-27　NC 程序"2-dianji.nc"后处理设置对话框

右击刀具路径"B6CuPattern_total"，在弹出的快捷菜单中选择"增加到"菜单项的子菜单项"NC 程序"，刀路"B6CuPattern_total"被加到程序"2-dianji"里，相同的方法把"B6BanJing"和"B2Jing"刀路加到程序"2-dianji"里。右击程序"2-dianji"，在弹出的快捷菜单里选择"写入"选项，系统开始计算处理，处理结束后在文件夹"D：\PFAMfg\2\finish"下生成文本文件"2-dianji.nc"（实例 2 电极加工数控程序，加工中心自动换刀，所有工序集中在一个程序里）。

2. 针对数控加工铣床 NC 程序的生成

右击"B6CuPattern_total"刀路，在弹出的快捷菜单中选择"产生独立的 NC 程序"菜单项，系统生成名为"B6CuPattern_total"的程序，同样的方法，生成"B6BanJing"和"B2Jing"的程序。

右击"B6CuPattern_total"程序，在弹出的快捷菜单中选择"设置"菜单项，系统弹出"NC 程序：B6CuPattern_total"对话框，如图 2-28 所示。"名称"不改，"输出文件"为"D：\PFAMfg\2\finish/2-B6CuPattern_total.nc"，"机床选项文件"为"D：\PFAMfg\post\XinRui4axial.opt"文件，"输出用户坐标系"为空，单击"写入"按钮，系统就在文件夹"D：\PFAMfg\2\finish\" 下生成了 "2-B6CuPattern_total. nc" 粗加工数控程序（实例 2 直径为 6mm 的球刀采用 PowerMILL 参考线加工策略的粗加工程序，第一个加工工序）。同样的方法生成半精加工数控程序 "2-B6BanJing. nc"（实例 2 刀具直径为 6mm 半精加工数控程序，第二个工序）和精加工数控程序 "2-B2Jing. nc"（实例 2 刀具直径为 2mm 球刀精加工程序，第三个工序）。

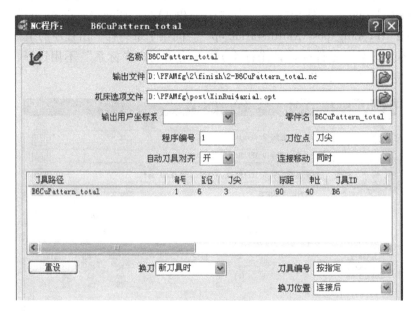

图 2-28 "NC 程序：B6CuPattern_total" 对话框

在文件夹 "D：\PFAMfg\2\finish\" 下保存文件名为 "2-螺旋电极加工" 的工程。

第3章　斜面零件加工实例

3.1　斜面零件加工工艺分析

1. 零件加工特性分析

如图 3-1 所示斜面零件，外形是长方体，中间是一个型腔，型腔的侧面是直纹面，与底面有夹角（不是垂直），中间椭圆形的凸台侧面带锥度，也是直纹面，习惯上称这两个侧面为斜面。如果直接用球头刀把直纹面当曲面铣削，那么不管步距多么小，总是刀具的一个点扫过直纹面，不是真正意义上的直纹面，而是由波浪的曲面（微观上的）构成的。对于斜面加工精度要求不高的零件，用三轴加工可以解决问题，但对于精度要求较高的直纹面，就必须从加工原理上解决。直纹面是一条直线在空间运动形成的，如果刀具的侧刃能跟这条直线重合，那么就能直接加工出真正的直纹面，即每个

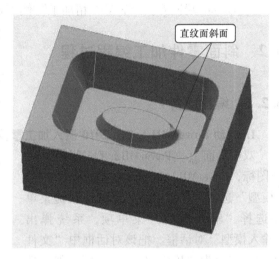

图 3-1　斜面零件（一）

位置的直线就能保证。PowerMILL 精加工策略"SWARF 精加工"正是侧刃铣削加工，是本例主要使用的加工策略。直纹面是斜面，跟侧刃平行的刀轴在不同的位置方向是变化的，所以用三轴加工是无法实现的，必须用五轴加工的方法才能完成。本实例的毛坯是方料，六个面已经加工完成，尺寸为 140mm×100mm×60mm，材料为 45 钢。

2. 编程要点分析

1）三轴粗加工。本零件并不复杂，加工工艺也比较简单，所以粗加工、精加工即可。粗加工的原则是尽量用三轴的方式，除非用三轴无法完成的粗加工才用五轴粗加工。三轴开粗的优点有：①刚性好，可以用大直径刀具、大进给量切削。②三轴编程简单，特别是加工过程中刀具与零件或夹具碰撞的检验要比五轴加工容易得多。③其刀路的后处理简单，程序不容易出错。大直径刀具粗加工效率高，但型腔底部比较窄，需用小直径刀具余量均匀化。

2）型腔底面和椭圆凸台顶面精加工。这两处都是平面，可以采用端铣刀的底刃加工，即需要三轴加工即可。椭圆凸台顶面的加工比较简单，型腔底面要考虑刀具直径的大小，底面最小圆角半径为 5mm，最窄的距离为 10mm，所以刀具直径不能大于 10mm。

3）使用 PowerMILL "SWARF 精加工"加工策略来完成斜面精加工。

3. 加工方案（表 3-1）

1）φ20mmR4mm 的牛鼻刀，"模型区域清除"粗加工策略粗加工。

31

表 3-1 斜面零件的加工方案

序号	加 工 策 略	刀具路径名	刀 具 名	步距/mm	切削深度/mm	余量/mm
1	模型区域清除	B20R4Cuoffset	B20R4	10	0.25	0.2
2	模型区域清除	B12R4BanJing	B12R4	4	0.2	0.2
3	偏置平坦面精加工	D9PMJing	D9	5		0
4	SWARF 精加工	D9XMJing	D9			0

2）φ12mmR4mm 的牛鼻刀，"模型区域清除"加工余量均匀化半精加工。

3）φ9mm 端铣刀，"偏置平坦面精加工"精加工策略加工型腔底面和椭圆凸台顶面。

4）φ9mm 端铣刀，"SWARF 精加工"侧刃精加工策略精加工型腔斜面。

3.2 斜面零件加工编程过程

3.2.1 编程准备

1. 启动 PowerMILL Pro 2010 调入加工零件模型

双击桌面上"PowerMILL Pro 2010"快捷图标，PowerMILL Pro 2010 被启动。右击"模型"选项，在弹出的"模型"快捷菜单中选择"输入模型"菜单项，系统弹出"输入模型"对话框。把该对话框中"文件类型"选择为"IGES（∗.ig∗）"，然后选择 D 盘上的斜面零件模型文件"D：\PFAMfg\3\source\part.igs"，单击"打开"按钮，文件被调入。斜面零件如图 3-2 所示注意设计坐标系在上表面的左下角。

2. 建立毛坯

单击主工具栏上"毛坯"按钮 ，系统弹出"毛坯"对话框，如图 3-3 所示。

图 3-2 斜面零件（二）

在"由...定义"后的下拉列表框选择"方框"，单击"计算"按钮，系统自动计算出一个 140mm×100mm×60mm 的长方体（图 3-3），单击"接受"按钮，完成毛坯创建。

3. 创建刀具

（1）建立 φ20mmR4mm 的牛鼻刀 B20R4　右击"刀具"选项，选择"产生刀具"→"刀尖圆角端铣刀"，系统弹出"刀尖圆角端铣刀"对话框。在"刀尖"选项卡中，"直径"设置为 20，"长度"设置为 50，"刀尖半径"设置为 4，"名称"设置为 B20R4，"刀具编号"设置为 1。在"刀柄"选项卡中，"顶部直径"和"底部直径"都设置为 20，"长度"设置为 50。在"夹持"选项卡中，"顶部直径"和"底部直径"都设置为 50，"长度"设置为 50，"伸出"长度设置为 70，其他参数不修改。

（2）建立 φ12mmR4mm 的牛鼻刀 B12R4　同样方法打开"刀尖圆角端铣刀"对话框，

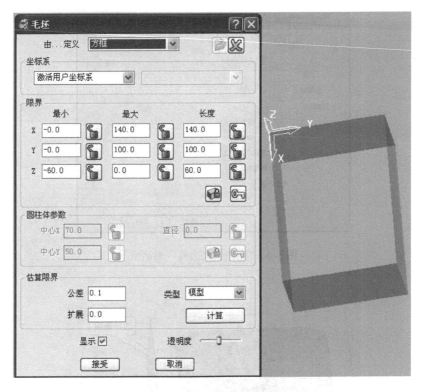

图 3-3 "毛坯"对话框及生成的毛坯

在"刀尖"选项卡中,"直径"设置为 12,"长度"设置为 50,"刀尖半径"设置为 4,"名称"设置为 B12R4,"刀具编号"设置为 2。在"刀柄"选项卡中,"顶部直径"和"底部直径"都设置为 12,"长度"设置为 50。在"夹持"选项卡中,"顶部直径"和"底部直径"都设置为 50,"长度"设置为 50,"伸出"长度设置为 70,其他参数不修改。

(3)建立 φ9mm 的端铣刀 D9 右击"刀具"选项,选择"产生刀具"→"端铣刀",系统弹出"端铣刀"对话框。在"刀尖"选项卡中,"直径"设置为 9,"长度"设置为 50,"名称"设置为 D9,"刀具编号"设置为 3。在"刀柄"选项卡中,"顶部直径"和"底部直径"都设置为 9,"长度"设置为 50。在"夹持"选项卡中,"顶部直径"和"底部直径"都设置为 50,"长度"设置为 50,"伸出"长度设置为 70,其他参数不修改刀具设置界面如图 1-4 所示。

右击"B20R4"选项,在弹出的快捷菜单中选择"激活",使 B20R4 牛鼻刀作为默认的加工刀具。

4. 建立边界

右击 PowerMILL 资源管理器中"边界"选项,在弹出的"边界"快捷菜单中选择"定义边界"菜单项下的子菜单项"用户定义边界",系统弹出"用户定义边界"对话框,如图 3-4 所示。选中零件上表面(图 3-5),单击"用户定义边界"对话框中的"模型"按钮 ,系统就以上表面的边界生成了图 3-6 所示的边界。该边界是由两个封闭的边界组成的,而此例只要内部的封闭边界,左击外边界,按键盘上的 < Delete > 键,外边界被删除,再单击"用户定义边界"对话框中"接受"按钮,完成边界"1"的生成。

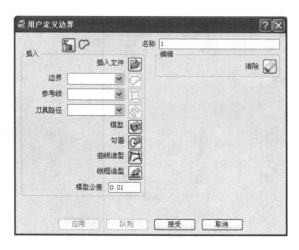

图 3-4 "用户定义边界"对话框

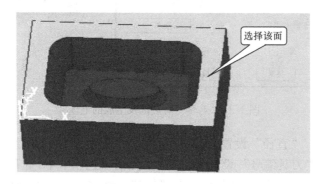

图 3-5 选择零件上表面

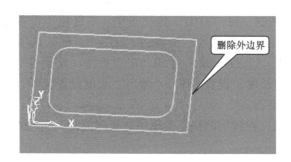

图 3-6 上表面生成的双边界

同样的方法选择型腔底面（图 3-7），系统同样自动生成两个封闭边界的边界，删除里边封闭的内边界（图 3-8），留下外边界即为需要的边界"2"。最终生成的边界"1"和边界"2"如图 3-9 所示。右击边界"1"，在弹出的快捷菜单中选择"激活"并单击，则边界"1"就是下个刀路默认的边界。

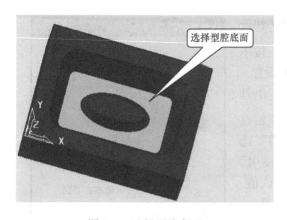

图 3-7 选择型腔底面

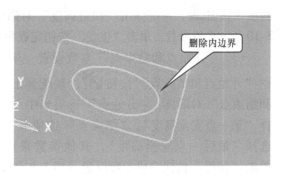

图 3-8 型腔底面生成的双边界

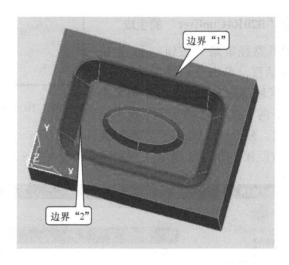

图 3-9 生成的边界"1"和"2"

> **技巧** PowerMILL 是 CAM（Computer Aided Manufacturing）软件，不是 CAD（Computer Aided Design）软件，在 PowerMILL 里设计复杂的边界或参考线是比较麻烦的，但简单的边界或参考线是可以直接在 PowerMILL 里设计的。对于复杂的边界，可以在 CAD 软件（如 PROE、UG 等）里先设计好需要的边界或参考线，然后调入 PowerMILL 里。如第 2 章的螺旋形参考线就是先在 CAD 软件里设计好后再调入 PowerMILL 里。

5. 部分加工参数预设置

（1）"进给和转速"参数设置 单击主工具栏"进给和转速"按钮，系统弹出"进给和转速"对话框，修改"切削条件"栏的参数："主轴转速"为 3000.0r/min；"切削进给率"为 1000.0mm/min；"下切进给率"为 200.0mm/min；"掠过进给率"为 3000.0mm/min。其他参数栏的参数采用默认值，"进给和转速"参数设置对话框界面参见图 1-6。

（2）"快进高度"参数设置 单击主工具栏"快进高度"按钮 ，系统弹出"快进高度"对话框，按图3-10所示设置参数，单击"接受"按钮完成参数设置。

（3）"开始点和结束点"参数设置 单击主工具栏"开始点和结束点"按钮 ，系统弹出"开始点和结束点"对话框，"开始点"选项卡中"使用"选择"第一点安全高度"，"结束点"选项卡中"使用"选择"最后一点安全高度"，其他参数采用默认值。单击"接受"按钮完成参数设置（图1-8和图1-9）。

3.2.2 刀具路径的生成

1. 粗加工刀具路径"B20R4Cuoffset"的生成

单击主工具栏"刀具路径策略"按钮 ，系统弹出"策略选择器"对话框，单击"三维区域清除"选项卡，再单击"模型区域清除"加工策略，再单击"策略选择器"对话框下的"接受"按钮，系统弹出"模型区域清除"对话框，修改"刀具路径名称"为B20R4Cuoffset，其他参数设置如图3-11所示（特别注意几个参数："余量"为0.2，"行距"

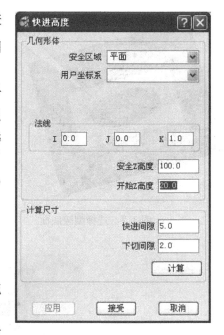

图3-10 "快进高度"对话框

图3-11 "模型区域清除"对话框

为 10.0，"下切步距"选择"自动"并输入 0.25）。单击对话框浏览器"切入切出和连接"选项，按图 3-12 所示设置参数，其他参数不需要修改。单击"计算"按钮，系统开始计算刀具路径，计算结果得到图 3-13 所示的刀具路径。最后，单击"取消"按钮完成刀具路径的生成。其三维仿真结果如图 3-14 所示。可以看到，底部狭窄的地方还有很多的加工余量，直接精加工是不行的，所以要用直径小一点的牛鼻刀二次粗加工（半精加工，余量均匀化）。

图 3-12　"切入切出和连接"参数设置　　　　图 3-13　刀路"B20R4Cuoffset"

2. 基于残留毛坯的二次粗加工刀具路径"B12R4BanJing"的生成

右击 PowerMILL 资源管理器中"残留模型"选项，在弹出的快捷菜单中选择"产生残留模型"菜单项，系统在"残留模型"选项下生成一个名为"1"的残留模型。右击残留模型"1"，在弹出的快捷菜单中选择"应用"菜单下子菜单的"毛坯"菜单项，在残留模型"1"里就有了毛坯。再右击残留模型"1"并选择"应用"子菜单中的"激活刀具路径在后"菜单项，刀路"B20R4Cuoffset"被加到残留模型中。再次右击残留模型"1"，在弹出的快捷菜单中选择"计算"菜单项，系统开始计算残留模型（所谓残留模型就是毛坯减去由刀路"B20R4Cuoffset"在空间形成的体积），计算结果如图 3-15 所示（阴影显示）。比较图 3-14 和图 3-15，虽然它们是通过两种不同的方式得到的执行完刀路"B20R4Cuoffset"之后的剩余毛坯，颜色不一样，但形状完全一致，从侧面验证了仿真结果的正确性。

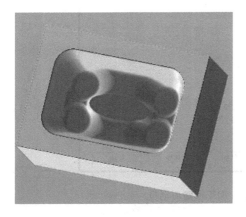

图 3-14　刀路"B20R4Cuoffset"　　　　　　图 3-15　由毛坯和刀路 B20R4Cuoffset
　　　　三维仿真结果　　　　　　　　　　　　　形成的残留毛坯

右击刀具"B12R4"，在弹出的快捷菜单中选择"激活"菜单项，使"B12R4"刀具作为默认的加工刀具。

单击主工具栏"刀具路径策略"按钮，系统弹出"策略选择器"对话框，单击"三维区域清除"选项卡，再单击"模型区域清除"加工策略，单击"接受"按钮，系统弹出"模型区域清除"对话框，在"残留加工"复选框里打钩，对话框标题立即变成"模型残留区域清除"，浏览器里的"模型区域清除"选项的名字也变成了"模型残留区域清除"，并且，在该选项下多了"残留"子选项，如图 3-16 所示。单击"残留"子选项，在"残留加工"的下拉列表框里提供了两种方式："刀具路径"和"残留模型"（图 3-17），选择"残留模型"时，右边的下拉列表框里就会把用户建立的残留模型都列出。本实例只有一个残留模型"1"，选择残留模型"1"即可。其他的参数采用默认值。至此，所有必要的参数设置完毕，单击"计算"按钮，系统开始计算刀路，计算结果如图 3-18 所示。两个粗加工刀路的三维仿真结果如图 3-19 所示。

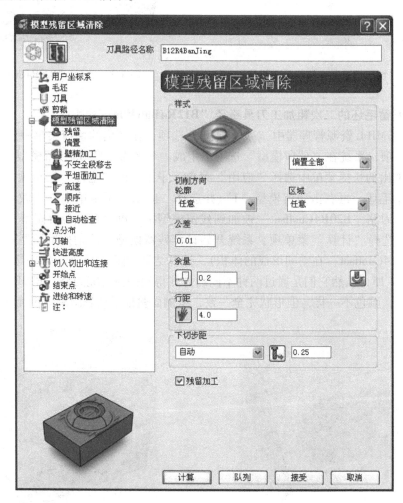

图 3-16 "模型残留区域清除"加工策略对话框

图 3-17   选择"残留"方式的参数设置   图 3-18   刀路"B12R4BanJing"

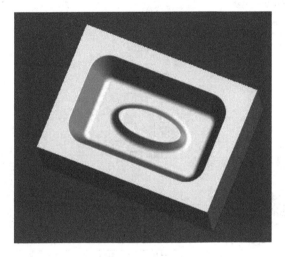

图 3-19   刀路"B20R4Cuoffset"和
刀路"B12R4BanJing"三维仿真结果

> **技巧**　　残留模型是 PowerMILL 非常有用的多次粗加工工具，特别是对于复杂零件的粗加工，PowerMILL 提供了两种方式："刀具路径"和"残留模型"。本例两种方法都可以使用，但只有一个刀路，以此刀路为"残留加工"的依据，其效果跟本例是一样的，但如果还要再一次粗加工，那就有两个刀路，这时用"残留模型"就很方便。

3. 型腔底面和椭圆凸台顶面平面精加工刀具路径"D9PMJing"的生成

右击刀具"D9"，在弹出的快捷菜单中选择"激活"菜单项，右击边界"2"，在弹出的快捷菜单中选择"激活"。把刀具"D9"作为默认刀具，边界"2"作为刀路默认的边界。

单击主工具栏"刀具路径策略"按钮　，系统弹出"策略选择器"。单击"精加工"选项卡，选择"偏置平坦面精加工"加工策略，再单击"策略选择器"对话框下的"接受"按钮，系统弹出"偏置平坦面精加工"对话框，修改"刀具路径名称"为 D9PMJing，"偏置平坦面精加工"参数设置如图 3-20 所示。特别注意两个参数："余量"为 0.0 和"行距"为 5，其他参数不需要修改。单击"计算"按钮，系统开始计算刀路，计算结果如图 3-21 所示。

图 3-20　"偏置平坦面精加工"参数设置

图 3-21　平面精加工刀路"D9PMJing"

4. 斜面精加工刀具路径 "D9XMJing" 的生成

右击边界 "2"，在弹出的快捷菜单中选择 "激活"，边界 "2" 激活状态取消。单击主工具栏 "刀具路径策略" 按钮，系统弹出 "策略选择器" 对话框，单击 "精加工" 选项卡，选择 "SWARF 精加工" 加工策略，再单击 "接受" 按钮，系统弹出 "SWARF 精加工" 对话框，修改 "刀具路径名称" 为 D9XMJing，"SWARF 精加工" 参数设置如图 3-22 所示。按图 3-23 所示选择两个要加工的斜面，单击 "计算" 按钮，系统开始计算刀路，计算结果如图 3-24 所示。生成的刀路轨迹很简单，一个带圆角的矩形和一个椭圆，如果只看路径不看刀轴的话，手工都可以编出这样的程序，然而从图中看到刀具的侧刃是贴着斜面的，也就是刀具的轴线（刀轴）跟斜面的直纹线是平行的，如果是一个整斜面，可以手工算出刀轴的矢量。但对于多个小斜面组成的大斜面以及像本例中的椭圆形的斜面，每一点的刀轴矢量都是在变化的，手工计算是不可能的，必须借助 CAM 软件来生成刀路。

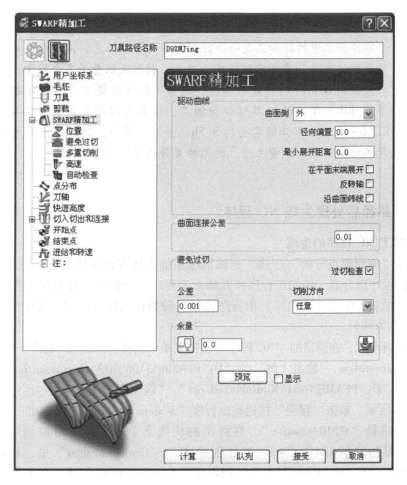

图 3-22 "SWARF 精加工" 对话框

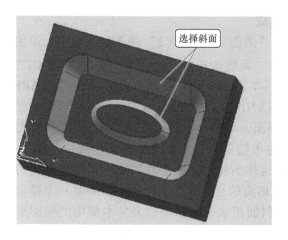

图 3-23　选择需要加工的斜面

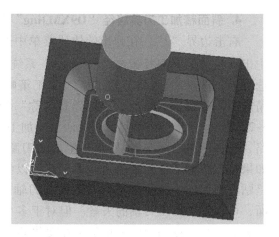

图 3-24　刀具路径"D9XMJing"

技巧　　　零件加工中的粗加工是一个比较复杂的加工工艺，没有唯一的方法，只有更合理的方法，要考虑到机床、刀具、材料及批量等多个因素。本例中也可以直接用 B12R4 的刀具粗加工，这样不但可以减少刀具的成本，程序也简单。对比一下：两把刀组合粗加工，按本实例的加工参数需要约 2.5h，而直接用 B12R4 一把刀粗加工就需要约 3.5h。如果是单件，时间的差异可以忽略不计，但如果是多件或中、大批量生产，时间的差异就很关键了。

3.2.3　刀具路径后处理生成 NC 程序

1. 三轴加工 NC 程序的生成

正如前面"编程要点分析"所述，三轴机床粗加工比五轴机床粗加工更有优势，所以本实例的数控程序也分成三轴加工程序和五轴加工程序，三轴部分有粗加工和平面精加工。本实例仅对三轴加工中心（带刀库）出程序，对三轴数控机床（不带刀库）读者自己完成（参照第 1 章的方法）。

右击"NC 程序"，在弹出的"NC 程序"快捷菜单中选择"产生 NC 程序"菜单项，修改名称为 3- xiemiansanzhou，"输出文件"为"D:\PFAMfg\3\finish\3- xiemiansanzhou. nc"，"机床选项文件"为"D:\PFAMfg\post\XinRui4axial. opt"，"输出用户坐标系"为空，即世界坐标系，如图 3-25 所示，单击"接受"按钮完成程序"3- xiemiansanzhou"的创建。

右击刀具路径"B20R4Cuoffset"，在弹出的快捷菜单中选择"增加到"的子菜单项"NC 程序"，刀路"B20R4Cuoffset"被加到程序"3- xiemiansanzhou"里，相同的方法把"B12R4BanJing"和"D9PMJing"刀路加到程序"3- xiemiankaicu"里。右击程序"3- xiemiansanzhou"，在弹出的快捷菜单中选择"写入"菜单项，系统开始计算处理，处理结束后在文件夹"D:\PFAMfg\3\finish"下生成文本文件"3- xiemiansanzhou. nc"（实例 3 斜面三轴加工数控程序，加工中心自动换刀，三个刀路组合在一个程序里）。

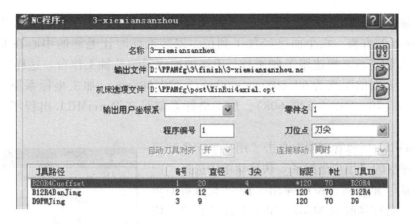

图 3-25 NC 程序 "3-xiemiansanzhou. nc" 后处理设置对话框

> 习惯上，三轴程序用三轴后处理文件（即 PowerMILL 里的"机床选项文件"），四轴程序用四轴后处理文件，五轴程序用五轴后处理文件，当然，四轴程序不能用五轴的后处理文件，五轴程序也不用四轴后处理文件，因为它们的机床配置不一样，不可以通用。但三轴例外，四轴和五轴后处理文件都可以出三轴的程序，因为三轴后处理是所有后处理文件的基础，正如本例看到的直接用四轴的后处理文件来出三轴的程序。

2. 五轴加工 NC 程序的生成

本实例使用的是双回转工作台五轴机床，带刀库，其坐标关系如图 3-26 所示。两个旋转轴，A 轴为摆动轴，绕 X 轴摆动，摆动范围 -120° ~ 120°。C 轴为旋转轴，其初始位置绕 Z 轴旋转，可以转任意角度，C 轴回转轴线和 A 轴回转轴线相交，该交点到 C 轴工作台面的距离是 69.608mm，两轴的交点往往是建立工件坐标系的关键点。

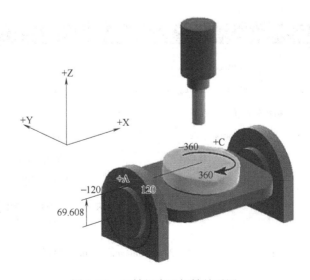

图 3-26 五轴机床坐标轴关系图

加工坐标系（工件坐标系）建立在 B 轴和 C 轴的交点上，本实例的毛坯为 140mm × 100mm × 60mm 的方料，六个面已经加工到位，安装毛坯时让毛坯的中心在 C 轴的轴线上，长边跟 X 轴平行，短边跟 Y 轴平行，毛坯的底面紧贴 C 轴工作台。这样安装毛坯后，交点到毛坯上表面的距离为 69.608mm + 60mm = 129.608mm，加工坐标系原点在设计坐标系的坐标为（70，50，−129.608），加工坐标系就是在 PowerMILL 出程序时后处理用到的坐标系。

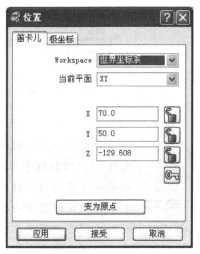

在 PowerMILL 资源管理器中右击"用户坐标系"元素目录，在弹出的"用户坐标系"快捷菜单中选择"产生用户坐标系"菜单项，系统弹出"用户坐标系编辑器"工具栏，名称修改为 NCsys，单击工具栏上的"位置表格"按钮![按钮]，系统弹出"位置"对话框，选择"笛卡儿"选项卡，"Workspace"选择"世界坐标系"，就是零件的设计坐标系，也就是说新的坐标系是以 PowerMILL 的世界坐标系为参照依据的，新坐标系 NCsys 在世界坐标系的位置为（70，50，−129.608），如图 3-27 所示。单击"接受"按钮，再单击工具栏上的"确认"按钮![确认]，完成用户坐标系 NCsys 的建立。NCsys 坐标系就是零件加工时的工件坐标系。

图 3-27　坐标系编辑器中"位置"对话框

在 PowerMILL 资源管理器中右击"NC 程序"，在弹出的"NC 程序"快捷菜单中选择"产生 NC 程序"菜单项，系统弹出"NC 程序：1"后处理设置对话框，修改"名称"为 3-xiemianwuzhou，"输出文件"为"D：\ PFAMfg \ 3 \ finish \ 3-xiemianwuzhou. nc"，"机床选项文件"为"D:\PFAMfg\post\Sky5axtt. opt"（南京四开双回转工作台五轴数控机床 Sky2003 系统），"输出用户坐标系"选择"NCsys"，单击"接受"按钮完成程序"3-xiemianwuzhou"的创建（图 3-28）。

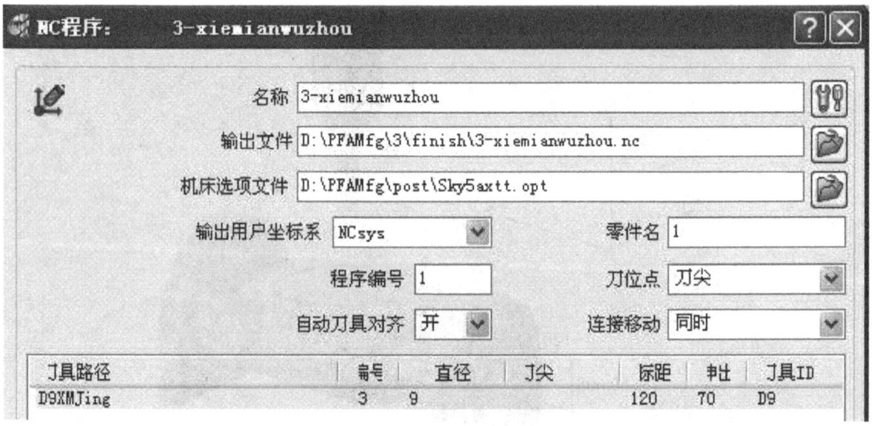

图 3-28　"NC 程序：3-xiemianwuzhou. nc"对话框

右击刀具路径"D9XMJing"，在弹出的快捷菜单中选择"增加到"的子菜单项"NC 程序"，刀路"D9PMJing"被加到程序"3- xiemianwuzhou"里，右击程序"3- xiemian- wuzhou"，在弹出的快捷菜单中选择"写入"菜单项，系统开始计算处理，处理结束后在文件夹"D：\PFAMfg\3 \finish"下生成文本文件"3- xiemianwuzhou. nc"（实例 3 斜面五轴加工数控程序）。

　　在文件夹"D：\PFAMfg\3 \finish\"下保存文件名为"3- 斜面零件加工"的工程。

第 4 章 多面体加工实例

4.1 多面体加工工艺分析

1. 零件加工特性分析

如图 4-1 所示，多面体是由多个小平面组成的，虽然每个小平面看上去也是斜面，但跟第 3 章的直纹面是不一样的，不能用第 3 章的"SWARF 精加工"加工策略加工。多面体跟第 3 章的零件特点一样，如果直接用球头刀铣削小平面，则会有加工误差，需要从方法上选择加工策略。对于每个小平面，可以用端铣刀的底刃来加工小平面，加工时保证刀具与该小平面垂直，就能保证小平面的平面性。如果只有一个小平面可以设计工装，使其法线跟 Z 轴平行。但对于有很多小平面的多面体，由于每个小平面的法线方向都不一样，用工装三轴加工是不可能的。该零件的加工工艺跟第 3 章接近，即三轴粗加工，五轴平面精加工，只是使用的 PowerMILL 的加工策略不一样。毛坯为 120mm × 120mm × 115mm 方形料，外表面已经加工到位，材料为 45 钢。

2. 编程要点分析

（1）三轴粗加工 正如第 3 章分析的，粗加工尽量用三轴。本实例没有型腔，所以粗加工很简单，一把牛鼻刀即可。

（2）五轴小平面精加工 加工过程要始终保持刀具与小平面垂直，用端铣刀的底刃完成小平面的精加工。

3. 加工方案（表 4-1）

1）φ20mmR4mm 的牛鼻刀，"模型区域清除"粗加工策略粗加工。

2）φ20mm 的端铣刀，"曲面精加工"精加工策略精加工小平面。

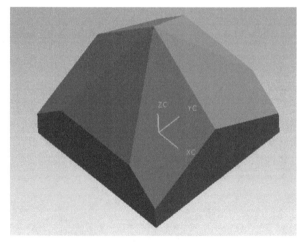

图 4-1 多面体零件

表 4-1 多面体的加工方案

序号	加 工 策 略	刀具路径名	刀具名	步距/mm	切削深度/mm	余量/mm
1	模型区域清除	B20R4Cuoffset	B20R4	10	0.25	0.2
2	曲面精加工	D20Jing	D20	18		0

4.2 多面体加工编程过程

4.2.1 编程准备

1. 启动 PowerMILL Pro 2010 调入加工零件模型

双击桌面上"PowerMILL Pro 2010"快捷图标,"PowerMILL Pro 2010"被启动。右击"模型"选项,在弹出的"模型"快捷菜单中选择"输入模型"菜单项,系统弹出"输入模型"对话框,把该对话框中"文件类型"选择为"IGES(∗.ig∗)",然后选择 D 盘上的多面体模型文件"D:\PFAMfg\4\source\part.igs",单击"打开"按钮,文件被调入,零件如图 4-1 所示(注意:设计坐标系在零件底面的中心上)。

2. 建立毛坯

单击主工具栏上"毛坯"按钮 ,系统弹出"毛坯"对话框,在"由...定义"后的下拉列表框中选择"方框",单击"计算"按钮,系统自动计算出一个 120mm × 120mm × 115mm 长方体,如图 4-2 所示,单击"接受"按钮,完成毛坯创建。

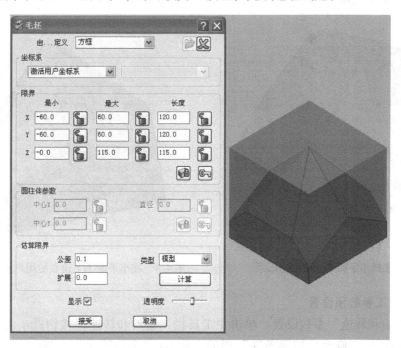

图 4-2 "毛坯"对话框及生成的毛坯

3. 创建刀具

(1)建立 φ20mmR4mm 的牛鼻刀 B20R4 右击"刀具"选项,选择"产生刀具"→"刀尖圆角端铣刀",系统弹出"刀尖圆角端铣刀"对话框。在"刀尖"选项卡中,"直径"设置为 20,"长度"设置为 50,"刀尖半径"设置为 4,"名称"设置为 B20R4,"刀具编号"设置为 1。在"刀柄"选项卡中,"顶部直径"和"底部直径"都设置为 20,"长度"设置为 50。在"夹持"选项卡中,"顶部直径"和"底部直径"都设置为 50,"长度"设

置为50，"伸出"长度设置为60，其他参数不修改（图1-4）。

（2）建立φ20mm的端铣刀D20　右击"刀具"选项，选择"产生刀具"→"端铣刀"，系统弹出"端铣刀"对话框。在"刀尖"选项卡中，"直径"设置为20，"长度"设置为50，"名称"设置为D20，"刀具编号"设置为2。在"刀柄"选项卡中，"顶部直径"和"底部直径"都设置为20，"长度"设置为50。在"夹持"选项卡中，"顶部直径"和"底部直径"都设置为50，"长度"设置为50，"伸出"长度设置为60，其他参数不修改。

右击"B20R4"，在弹出的快捷菜单中选择"激活"，使刀具B20R4作为默认的加工刀具。

4. 建立用户坐标系

在PowerMILL资源管理器中右击"用户坐标系"选项，在弹出的"用户坐标系"快捷菜单中选择"产生并定向用户坐标系"的子菜单项"用户坐标系对齐于几何形体"，系统进入选择状态，在图4-3所示的小平面①的任意位置单击，系统建立了一个用户坐标系"1"，X、Y轴的指向是任意的，但Z轴垂直于选择的小平面①，如图4-4所示。用同样的方法在小平面②～⑥上分别建立用户坐标系"2"～"6"，Z轴分别垂直于小平面②～⑥。

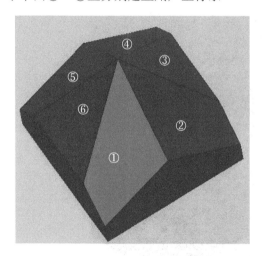

图4-3　选择小平面建立用户坐标系

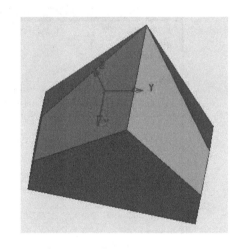

图4-4　在小平面①上建立的用户坐标系"1"

5. 部分加工参数预设置

（1）"进给和转速"参数设置　单击主工具栏"进给和转速"按钮，系统弹出"进给和转速"对话框，修改"切削条件"栏的参数有："主轴转速"为3000.0r/min；"切削进给率"为2000.0mm/min；"下切进给率"为200.0mm/min；"掠过进给率"为3000.0mm/min。其他参数栏的参数采用默认值（图1-6）。

（2）"快进高度"参数设置　单击主工具栏"快进高度"按钮，系统弹出"快进高度"对话框，按图4-5所示设置参数。特别提醒：用户坐标系后的下来列表框里没有选择坐标系，表明是用PowerMILL的世界坐标系，原点在零件底面的中心上。单击"接受"按钮完成参数设置。

（3）"开始点和结束点"参数设置　单击主工具栏"开始点和结束点"按钮，系统弹出"开始点和结束点"对话框。"开始点"选项卡中"使用"选择"第一点安全高度","结束点"选项卡中"使用"选择"最后一点安全高度",其他参数采用默认值,单击"接受"按钮完成参数设置(图1-8和图1-9)。

(4)"切入切出和连接"参数设置 单击主工具栏"切入切出和连接"按钮，系统弹出"切入切出和连接"对话框。"Z高度"选项卡的参数按图4-6所示设置。在"切入"选项卡中，"第一选择"选择"斜向"，然后单击"斜向选项…"按钮，在"斜向切入选项"对话框里"沿着"选择"圆形"，"圆圈直径"输入0.5，其他参数采用系统默认值，单击"接受"按钮完成"斜向切入选项"对话框参数设置。在"连接"选项卡中，"长/短分界值"输入50，"短"选择"圆形圆弧"，"长"选择"掠过"，"缺省"选择"掠过"，其他参数不需要修改，直接用默认值就行，单击"接受"按钮，完成"切入切出和连接"参数设置。

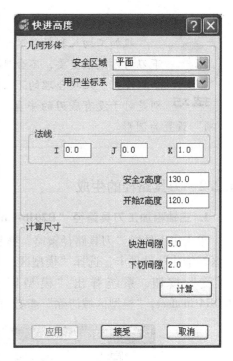

图4-5 "快进高度"对话框

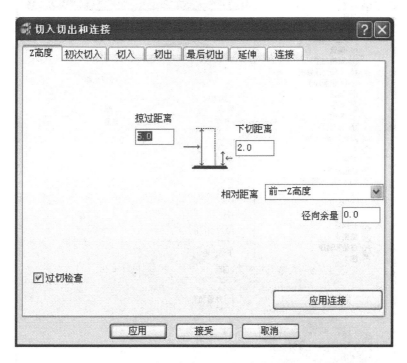

图4-6 "Z高度"选项卡参数设置

技巧　　粗加工切入和精加工切入方式一般是不一样的，粗加工时加工余量大，下刀的方式很重要，不合理的下刀方式会产生撞刀、碰切削刃或者刀具磨损加剧现象。比较合理的下刀方式是斜向下刀，可以减少下刀时的冲击力，特别是对于没有底刃的牛鼻刀粗加工，建议采用螺旋下刀，即"斜向切入选项"设置为圆形。

4.2.2　刀具路径的生成

1. 三轴粗加工刀具路径 "B20R4Cuoffset" 的生成

单击主工具栏"刀具路径策略"按钮▧，系统弹出"策略选择器"对话框，单击"三维区域清除"选项卡，选择"模型区域清除"加工策略，再单击"策略选择器"对话框的"接受"按钮，系统弹出"模型区域清除"对话框，修改"刀具路径名称"为B20R4Cuoffset，"模型区域清除"参数设置如图4-7所示。特别注意几个参数："公差"为

图4-7　"模型区域清除"对话框

0.05，"余量"为0.3，"行距"为10.0，"下切步距"选择"自动"并输入0.25。单击"计算"按钮，系统开始计算刀具路径，计算结果为图4-8所示的刀具路径。最后单击"取消"按钮完成刀具路径的生成，三维仿真结果如图4-9所示。

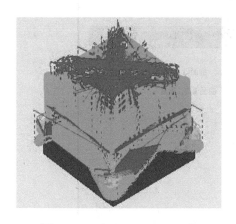

图4-8 刀路"B20R4Cuoffset"

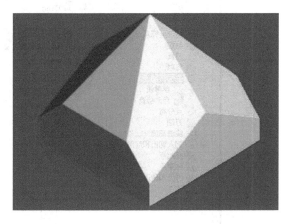

图4-9 刀路"B20R4Cuoffset"三维仿真结果

2. 小平面精加工刀具路径"D20Jing"的生成

右击刀具"D20"，在弹出的快捷菜单中选择"激活"菜单项，使"D20"刀具作为刀路默认刀具。

单击主工具栏"刀具路径策略"按钮，系统弹出"策略选择器"对话框，单击"精加工"选项卡，选择"曲面精加工"加工策略，再单击"策略选择器"对话框的"接受"按钮，系统弹出"曲面精加工"对话框。在该对话框中，修改"刀具路径名称"为D20Jing，在浏览器中"曲面精加工"选项的参数设置如图4-10所示，特别注意三个参数："公差"为0.001，"余量"为0.0和"行距"为18。单击"曲面精加工"下的子选项"参考线"，"加工顺序"选择"双向"，其他参数不修改，如图4-11所示。单击"刀轴"选项，在该选项对话框中单击"刀轴"按钮，系统弹出"刀轴"对话框。"刀轴"选择"前倾/侧倾"，"前倾角"设置为0，"侧倾角"也设置为0，其他参数不修改，如图4-12所示。单击"快进高度"选项，"安全区域"仍然选择"平面"，"用户坐标系"选择前面建立的用户坐标系"1"，"安全Z高度"设置为50，"开始Z高度"设置为10，其他采用默认值，如图4-13所示。单击"切入切出和连接"选项，在该选项对话框中单击"切入切出和连接"按钮，系统弹出"切入切出和连接"对话框，选择"初次切入"选项卡，按图4-14所示设置参数。选择"最后切出"选项卡，按图4-15所示设置参数。选择"连接"选项卡，按图4-16所示设置参数。至此，所有需要设置的参数都设置完毕，单击"计算"按钮，系统开始计算刀路，其计算结果如图4-17所示。

图 4-10 "曲面精加工"选项的参数设置

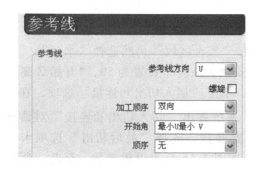

图 4-11 "曲面精加工"下的子选项
"参考线"的设置

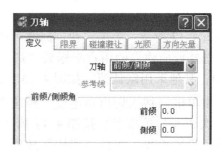

图 4-12 "刀轴"对话框

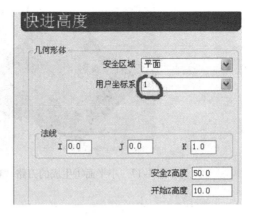

图 4-13　"快进高度"选项参数设置

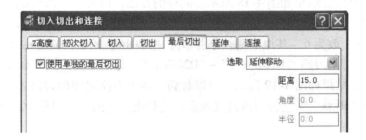

图 4-14　"切入切出和连接"对话框中"初次切入"选项卡参数设置

图 4-15　"切入切出和连接"对话框中"最后切出"选项卡参数设置

图 4-16　"切入切出和连接"对话框中"连接"选项卡参数设置

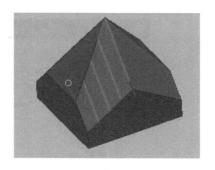

图 4-17　小平面①生成的刀路 "D20Jing"

技巧　　小平面精加工是用底刃加工，所以刀轴必须垂直于该小平面。为了避免刀具在进刀和退刀过程中发生碰撞，设置安全平面平行于该小平面。加工的切入点不能直接设置在小平面的角点上，不管用什么方式下刀都会使切入点有振痕。为了避免切入点的振痕，把切入点移动到小平面外，最简单的方法就是在"切入切出和连接"中增加"初次切入"和"最后切出"。

在"曲面精加工"对话框中，单击"复制此刀具路径"按钮，系统生成一个跟"D20Jing"完全一样的刀路"D20Jing_1"。单击"快进高度"选项，"用户坐标系"选择"2"，其他参数都不需修改，选择要加工的小平面②（图 4-3），单击"计算"按钮，系统开始计算刀路，其计算结果如图 4-18 所示。同样的方法，以刀路"D20Jing"为模板，由小平面③~⑥及用户坐标系"3"~"6"分别生成刀路"D20Jing_2"~"D20Jing_5"，注意两个三角面"Stepover"改为 6，其他不变。分别单击"D20Jing_1"~"D20Jing_5"，同时按键盘上的 <Ctrl> 键，再把刀路"D20Jing_1"~"D20Jing_5"分别拉到刀路"D20Jing"中，激活刀路"D20Jing"，结果如图 4-19 所示。可以看到，两个刀路之间的过渡连接刀路有的穿过了零件，实际加工时就会发生撞刀或过切现象，这是很危险的。在刀路 D20Jing 处于激活的

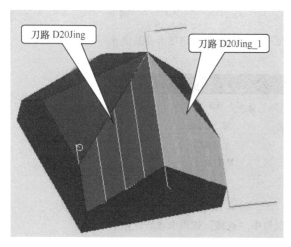

图 4-18　由小平面②生成的刀路
D20Jing_1

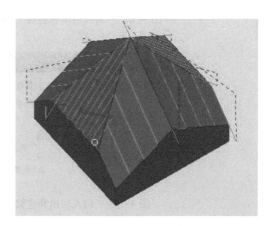

图 4-19　所有小平面刀路都复制到
D20Jing 后的刀路

状态下单击主工具栏上"切入切出和连接"按钮，系统弹出"切入切出和连接"对话框，选择"Z 高度"选项卡，其参数设置如图 4-20 所示，"掠过距离"设为 50，"下切距离"设为 20，单击"应用"按钮，系统重新计算刀路之间的连接，计算结果如图 4-21 所示，所有小平面刀路之间的连接刀路都在零件之上，避免了刀具与零件干涉。这时，可以删除过渡刀路"D20Jing_1"~"D20Jing_5"，保持刀路清晰。

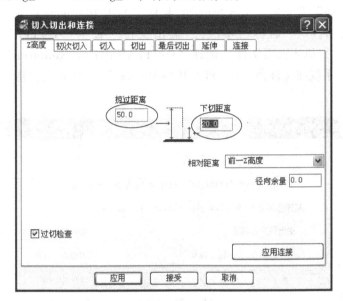

图 4-20 "切入切出和连接"对话框的"Z 高度"选项卡

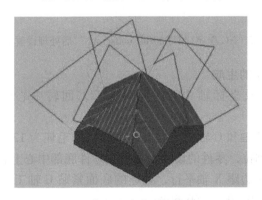

图 4-21 最终的所有小平面精加工刀路

技巧　　　对于有很多小平面的多面体，用本实例的方法就不太方便，要尽量利用小平面之间的规律，通过 PowerMILL 刀路灵活的编辑功能来完成刀路的生成。例如，本实例中只要做两个完整的刀路小平面①和小平面⑥，而其他刀具可以通过镜像功能完成。小平面⑤的程序可以通过小平面①的刀路用 YZ 平面镜像得到，小平面①、⑥、⑤刀路用 ZY 平面镜像可以得到小平面②、③、④的刀路（小平面的划分如图 4-3 所示）。

4.2.3 刀具路径后处理生成 NC 程序

1. 三轴加工粗加工 NC 程序的生成

右击刀路"B20R4Cuoffset"，在弹出的快捷菜单中选择"产生独立的 NC 程序"菜单项，系统生成刀路"B20R4Cuoffset"的程序。右击"B20R4Cuoffset"程序，在弹出的快捷菜单中选择"设置…"菜单项，系统弹出 NC 程序"4-B20R4Cuoffset.nc"后处理设置对话框，如图 4-22 所示。"名称"不改，"输出文件"设为"D:\PFAMfg\4\finish\4-B20R4Cuoffset.nc"，"机床选项文件"选择"D:\PFAMfg\post\XinRui4axial.opt"文件，单击"写入"按钮，系统在文件夹"D:\PFAMfg\4\finish\"下生成三轴粗加工数控程序"4-B20R4Cuoffset.nc"。

图 4-22 NC 程序"4-B20R4Cuoffset.nc"后处理设置对话框

2. 五轴加工 NC 程序的生成

五轴数控机床配置及坐标轴关系图同第 3 章。回转中心到 C 轴工作台面的距离是 69.608mm。

加工坐标系建立在 B 轴和 C 轴的交点上，本实例的毛坯为 120mm × 120mm × 115mm 的方料，外表面已经加工到位，零件的设计坐标系在零件底部中心上，安装毛坯时使毛坯的中心在 C 轴的轴线上，一个边跟 X 轴平行，毛坯的底面紧贴 C 轴工作台，即加工坐标系原点在设计坐标系的坐标为（0，0，-69.608）。

新建一用户坐标系"NCsys"，坐标原点在世界坐标系的位置为（0，0，-69.608），参见第 3 章刀路后处理部分，此坐标系即为零件加工时的工件坐标系。

右击刀路"D20Jing"，在弹出的快捷菜单中选择"产生独立的 NC 程序"菜单项，系统生成"D20Jing"的程序，右击"D20Jing"程序，在弹出的快捷菜单中选择"设置…"菜单项，系统弹出 NC 程序"4-D20Jing.nc"后处理设置对话框，如图 4-23 所示。"名称"不改，"输出文件"设为"D:\PFAMfg\4\finish\4-D20Jing.nc"，"机床选项文件"选择"D:\PFAMfg\post\Sky5axtt.opt"文件，"输出用户坐标系"选择新建的用户坐标系"NCsys"，单击"写入"按钮，系统在文件夹"D:\PFAMfg\4\finish\"下生成五轴数控程序"4-D20Jing.nc"。

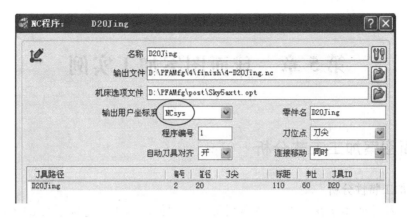

图 4-23　NC 程序 "4-D20Jing. nc" 后处理设置对话框

在文件夹 "D：\PFAMfg\4\finish\" 下保存文件名为 "4-多面体加工" 的工程。

第5章 球面图案加工实例

5.1 球面图案加工工艺分析

1. 零件加工特性分析

柱面图案和球面图案在工业产品中很常见。例如印染中，把需要印的图案首先刻到钢制的滚桶上，把布夹在两个印有图案的对称的滚桶之间，然后被匀速旋转的滚桶带着移动，滚桶上的图案就被印染到布上。再如产品上的柱面和球面图标、图案，还有一些接近柱面或球面的工艺品外形等。作为商标或公司标志的柱面和球面图标、图案可以直接做在模具上，用此模具生产的产品就有立体的商标或公司标志，这种商标或标志可以用来防伪。精密数控车床可以加工没有图案的普通球面，但加工球面图案零件就比较困难了，普通的三轴铣也难以完成，因三轴加工出来的图案是投影图案，与实际图案存在失真，要想准确地加工出球面图案必须用五轴加工，以朝向球心的点来控制刀轴，理论上刀轴可以加工到球面的任何一个地方不会引起干涉。图5-1所示的零件是某出版社的立体标志。齿轮外轮廓线和下半部分的"书"形图案的底部及侧面三轴加工是办不到的，所以必须考虑五轴加工。本例的加工方法依然是典型的多轴加工：首先是三轴粗加工，然后是五轴的半精加工，最后是五轴精加工各球面的表面及图案的侧面。毛坯为200mm×200mm×103mm方形料，小球面直径为200mm，大球面直径为206mm，外表面已经加工到位，材料为45钢。

2. 编程要点分析

1）牛鼻刀三轴粗加工。因需切削的材料比较多，所以尽量用大直径的牛鼻刀粗加工。

2）球头刀半精加工球面部分，让球面部分加工余量均匀，球面以外的平面部分留着直接用端铣刀精加工即可。

3）球头刀精加工各个球面图案的表面图案。由于本实例的图案不规则，规划刀路时要考虑合理刀路策略及参数设置，最后再用小直径端铣刀加工所有图案的侧面。

4）以YZ坐标平面为对称面，整个零件关于YZ平面对称，球面的精加工刀路只需完成一半，另外一半可以用PowerMILL的刀具路径编辑功能得到。

图5-1 球面图案零件

3. 加工方案（表5-1）

1）φ20mmR4mm的牛鼻刀，"模型区域清除"加工策略粗加工。

2）φ8mm 的球头刀，"螺旋精加工"加工策略半精加工球面部分。

3）φ10mm 的端铣刀，"偏置平坦面精加工"加工策略精加工非球面部分的平面。

4）φ6mm 的球头刀，"曲面精加工"加工策略精加工球面部分的各个曲面。

5）φ6mm 的球头刀，"平行精加工"加工策略精加工五角星正面。

6）φ4mm 的端铣刀，"SWARF 精加工"加工策略精加工图案的所有侧面。

表 5-1　球面图案的加工方案

序号	加 工 策 略	刀具路径名	刀具名	步距/mm	切削深度/mm	余量/mm
1	模型区域清除	B20R4KaiCu	B20R4	10	0.25	0.3
2	螺旋精加工	B8BanJing	B8	0.25		0.2
3	偏置平坦面精加工	D10PMJing	D10	6		0
4	曲面精加工	B6QMJing	B6	0.1		0
5	平行精加工	B6PXJing	B6	0.1		0
6	SWARF 精加工	D4CMJing	D4			0

5.2　球面图案加工编程过程

5.2.1　编程准备

1. 启动 PowerMILL Pro 2010 调入加工零件模型

双击桌面上"PowerMILL Pro 2010"快捷图标，"PowerMILL Pro 2010"被启动。右击"模型"选项，在弹出的"模型"快捷菜单中选择"输入模型"菜单项，系统弹出"输入模型"对话框"文件类型"选择为"IGES（＊.ig＊）"，然后选择 D 盘上的球面图案模型文件"D：\PFAMfg\5\source\part.igs"，单击"打开"按钮，文件被调入，零件如图5-2所示。注意：设计坐标系在零件球心（也是零件正方形底面的中心）上。

2. 建立毛坯

单击主工具栏上"毛坯"按钮，系统弹出"毛坯"对话框，在"由 . . . 定义"的下拉列表框中选择"方框"，单击"计算"按钮，系统自动计算出一个 200mm × 200mm × 103mm 的长方体，如图 5-3 所示，单击"接受"按钮，完成毛坯的创建。

3. 创建刀具

（1）建立 φ20mmR4mm 的牛鼻刀 B20R4
右击"刀具"选项，选择"产生刀具"→"刀尖圆角端铣刀"，系统弹出"刀尖圆角端铣刀"对话框。在"刀尖"选项卡中，

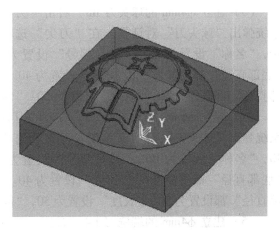

图 5-2　调入 PowerMILL 中的球面零件

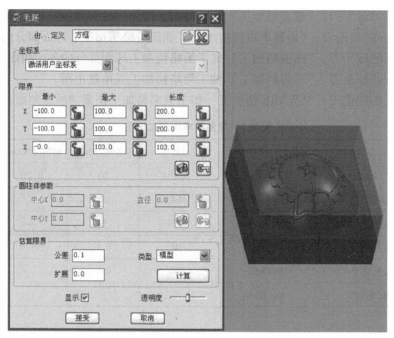

图 5-3 "毛坯"对话框及生成的毛坯

"直径"设置为 20，"长度"设置为 50，"刀尖半径"设置为 4，"名称"设置为 B20R4，"刀具编号"设置为 1。在"刀柄"选项卡中，"顶部直径"和"底部直径"都设置为 20，"长度"设置为 50。在"夹持"选项卡中，"顶部直径"和"底部直径"都设置为 50，"长度"设置为 50，"伸出"长度设置为 60，其他参数采用默认值（图 1-4）。

（2）建立 φ10mm 的端铣刀 D10　右击"刀具"选项，选择"产生刀具"→"端铣刀"，系统弹出"端铣刀"对话框。在"刀尖"选项卡中，"直径"设置为 10，"长度"设置为 50，"名称"设置为 D10，"刀具编号"设置为 2。在"刀柄"选项卡中，"顶部直径"和"底部直径"都设置为 10，"长度"设置为 50。在"夹持"选项卡中，"顶部直径"和"底部直径"都设置为 50，"长度"设置为 50，"伸出"长度设置为 60，其他参数不修改。

（3）建立 φ8mm 的球头刀 B8　右击"刀具"选项，选择"产生刀具"→"球头刀"，系统弹出"球头刀"对话框。在"刀尖"选项卡中，"直径"设置为 8，"长度"设置为 40，"名称"设置为 B8，"刀具编号"设置为 3。在"刀柄"选项卡中，"顶部直径"和"底部直径"都设置为 8，"长度"设置为 40。在"夹持"选项卡中，"顶部直径"和"底部直径"都设置为 50，"长度"设置为 50，"伸出"长度设置为 60，其他参数不修改。

（4）建立 φ6mm 的球头刀 B6　右击"刀具"选项，选择"产生刀具"→"球头刀"，系统弹出"球头刀"对话框。在"刀尖"选项卡中，"直径"设置为 6，"长度"设置为 40，"名称"设置为 B6，"刀具编号"设置为 4。在"刀柄"选项卡中，"顶部直径"和"底部直径"都设置为 6，"长度"设置为 40。在"夹持"选项卡中，"顶部直径"和"底部直径"都设置为 50，"长度"设置为 50，"伸出"长度设置为 50，其他参数不修改。

（5）建立 φ4mm 的端铣刀 D4　右击"刀具"选项，选择"产生刀具"→"端铣刀"，系统弹出"端铣刀"对话框。在"刀尖"选项卡中，"直径"设置为 4，"长度"设置为 30，"名称"设置为 D4，"刀具编号"设置为 5。在"刀柄"选项卡中，"顶部直径"和

"底部直径"都设置为 4，"长度"设置为 30。在"夹持"选项卡中，"顶部直径"和"底部直径"都设置为 50，"长度"设置为 50，"伸出"长度设置为 40，其他参数不修改。

右击刀具"B20R4"，在弹出的快捷菜单中选择"激活"，让刀具 B20R4 作为默认的加工刀具。

4. 部分加工参数预设置

（1）"进给和转速"参数设置 单击主工具栏"进给和转速"按钮，系统弹出"进给和转速"对话框，修改"切削条件"栏的参数有："主轴转速"为 4000.0r/min；"切削进给率"为 2000.0mm/min；"下切进给率"为 100.0mm/min；"掠过进给率"为 3000.0mm/min。其他的参数采用默认值（图 1-6）。

（2）"快进高度"参数设置 单击主工具栏"快进高度"按钮，系统弹出"快进高度"对话框，按图5-4所示设置参数。特别提醒：用户坐标系的下拉列表框没有选择坐标系，表明是用 PowerMILL 的世界坐标系，即原点在零件底面的中心（球心）上。单击"接受"按钮完成参数设置。

（3）"开始点和结束点"参数设置 单击主工具栏"开始点和结束点"按钮，系统弹出"开始点和结束点"对话框。"开始点"选项卡中"使用"选择"第一点安全高度"，"结束点"选项卡中"使用"选择"最后一点安全高度"，其他参数采用默认值，单击"接受"按钮完成参数设置（图 1-8 和图 1-9）。

（4）"切入切出和连接"参数设置 单击主工具栏"切入切出和连接"按钮，系统弹出"切入切出和连接"对话框。单击"Z 高度"选项卡，"掠过距离"设为 5，"下切距离"设为 2。单击"切入"选项卡，"第一选择"选择"斜向"。单击"斜向选项…"

图 5-4 "快进高度"对话框

按钮，在"斜向切入选项"对话框里"沿着"选择"圆形"，"圆圈直径"输入 0.5，"高度"输入 3，其他参数采用默认值，单击"接受"按钮完成"斜向切入选项"对话框的参数设置。单击"连接"选项卡，"长/短分界值"输入 50，"短"选择"圆形圆弧"，"长"选择"掠过"，"缺省"选择"掠过"，如图 5-5 所示，其他参数不需要修改，单击"接受"按钮，完成"切入切出和连接"参数的设置。

5.2.2 刀具路径的生成

1. 三轴粗加工刀具路径"B20R4KaiCu"的生成

单击主工具栏"刀具路径策略"按钮，系统弹出"策略选择器"对话框，单击"三维区域清除"选项卡，选择"模型区域清除"加工策略，再单击"策略选择器"对话框中的"接受"按钮，系统弹出"模型区域清除"对话框，修改"刀具路径名称"为 B20R4KaiCu，"模型区域清除"的参数设置如图 5-6 所示。特别注意几个参数："公差"为 0.1，"余量"为 0.3，"行距"为 10.0，"下切步距"选择"自动"并输入 0.25。单击"计

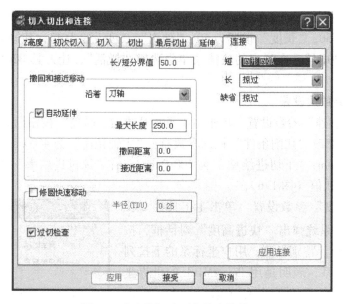

图 5-5 "连接"选项卡的参数设置

图 5-6 "模型区域清除"的参数设置

算"按钮,系统开始计算刀具路径,计算结果得到图 5-7 所示的刀具路径。最后单击"取消"按钮完成刀具路径的生成,其三维仿真结果如图 5-8 所示。

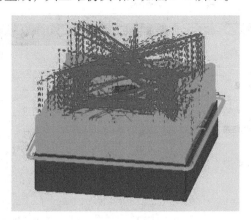

图 5-7　刀路"B20R4KaiCu"

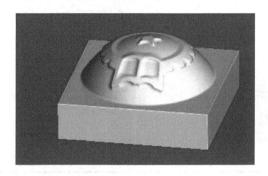

图 5-8　刀路"B20R4KaiCu"三维仿真结果

2. 半精加工球面部分刀具路径"B8BanJing"的生成

右击刀具"B8",在弹出的快捷菜单中选择"激活"菜单项,把刀具"B8"作为下个刀路默认刀具。

单击主工具栏"刀具路径策略"按钮 📄,系统弹出"策略选择器"对话框,单击"精加工"选项卡,选择"螺旋精加工"加工策略,单击"接受"按钮,系统弹出"螺旋精加工"对话框,修改"刀具路径名称"为 B8BanJing,"螺旋精加工"参数设置如图 5-9 所示。特别注意三个参数:"公差"为 0.05,"余量"为 0.2,"行距"为 0.25。单击"刀轴"选项,在该选项对话框中单击"刀轴"按钮 🖉,系统弹出"刀轴"对话框,"刀轴"选择"朝向点",点的坐标为 (0, 0, -50),如图 5-10 所示。单击"快进高度"选项,"安全区域"选择"球",球的中心为 (0, 0, 0),即坐标系的原点,也就是零件球面的球心,"半径"设为 150,"下切半径"设为 110,如图 5-11 所示。单击"切入切出和连接"选项,在该选项对话框中单击"切入切出和连接"按钮 🔧,系统弹出"切入切出和连接"对话框,单击"切入"选项卡,取消"第一选择"原先设置的"斜向",把它设置为"无",其他参数不改变,如图 5-12 所示。至此,所有需要设置的参数都设置完毕。单击"计算"按钮,系统开始计算刀路,计算结果如图 5-13 所示。两个刀路"B20R4KaiCu"和"B8BanJing"的三维仿真结果如图 5-14 所示。

图 5-9 "螺旋精加工"参数设置

图 5-10 "刀轴"参数设置

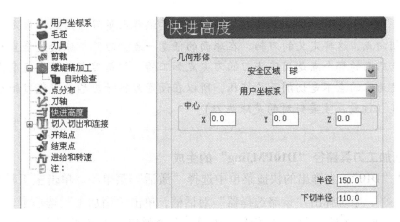

图 5-11 "快进高度"参数设置

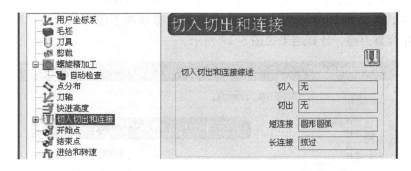

图 5-12 "切入切出和连接"参数设置

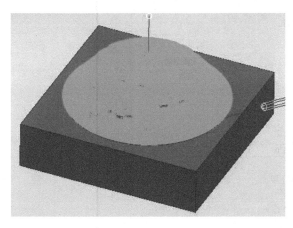

图 5-13 刀路"B8 BanJing"

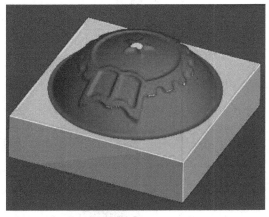

图 5-14 刀路"B20R4 KaiCu"和"B8 BanJing"
的三维仿真结果

对于球面零件加工的刀轴控制，有些编程人员习惯用球心来定义刀轴的朝向点，这样定义的刀轴，在球面的任意一点，刀具与球面是垂直的，也就是球面的那个点是用球头刀的刀尖点加工的。但是刀尖点的线速度为零，速度为零的点不是切削而是挤压，所以在设置刀轴时应尽量避免刀轴与要加工的表面垂直（注意：主要针对的是球头刀）。

技巧

3. 平面精加工刀具路径"D10PMJing"的生成

右击刀具"D10"，在弹出的快捷菜单中选择"激活"菜单项。单击主工具栏"刀具路径策略"按钮 📎，系统弹出"策略选择器"对话框，单击"精加工"选项卡，选择"偏置平坦面精加工"加工策略，单击"接受"按钮，系统弹出"偏置平坦面精加工"对话框。修改"刀具路径名称"为D10PMJing，"偏置平坦面精加工"的参数设置如图 5-15 所示。特别注意三个参数："公差"为 0.05，"余量"为 0.0 和"行距"为 6.0。单击"切入切出和连接"选项，按图 5-16 所示设置该项参数，其他参数项不需要修改。单击"计算"按钮，系统开始计算刀路，计算结果如图 5-17 所示。

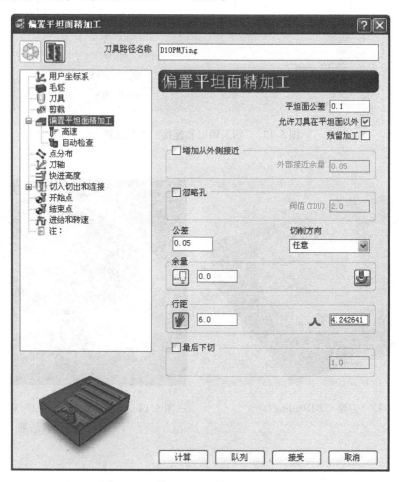

图 5-15 "偏置平坦面精加工"对话框

用户坐标系
毛坯
刀具
剪裁
偏置平坦面精加工
　高速
　自动检查
点分布
刀轴
快进高度
切入切出和连接
　切入
　切出

切入切出和连接

切入切出和连接综述

切入	无
切出	无
短连接	在曲面上
长连接	掠过

图 5-16　"切入切出和连接"选项的参数设置

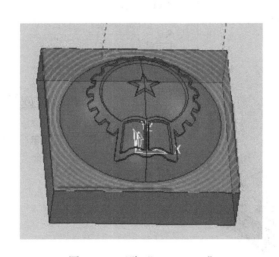

图 5-17　刀路"D10PMJing"

4. 球面部分精加工刀具路径"B6QMJing"的生成

右击刀具"B6",在弹出的快捷菜单中选择"激活"菜单项。单击主工具栏"刀具路径策略"按钮，系统弹出"策略选择器"对话框，单击"精加工"选项卡，选择"曲面精加工"加工策略，单击"接受"按钮，系统弹出"曲面精加工"对话框，修改"刀具路径名称"为 B6QMJing，"曲面精加工"的参数设置如图 5-18 所示。特别注意三个参数："公差"为 0.01，"余量"为 0.0 和"Stepover"为 0.1）。单击"曲面精加工"选项下的子选项"参考线"，按图 5-19 所示设置参数。单击"刀轴"选项，按图 5-20 所示设置刀轴。单击"快进高度"选项，"安全区域"选择"球"，"半径"为 150，"下切半径"为 110，如图 5-21 所示。单击"切入切出和连接"选项，按图 5-22 所示设置该项参数。其他参数项不需要修改。选择图 5-23 所示的要加工的曲面，单击"计算"按钮，系统开始计算刀路，计算结果如图 5-24 所示。

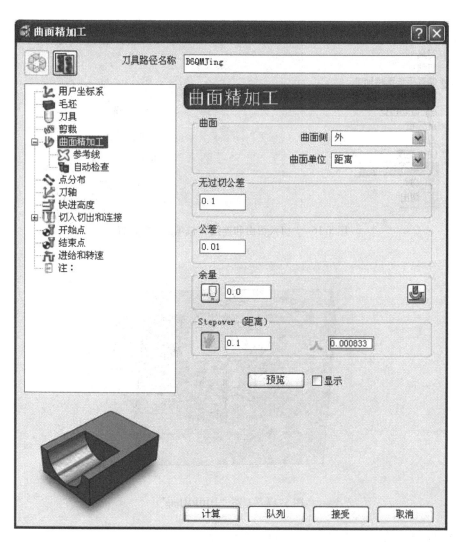

图 5-18 "曲面精加工" 对话框

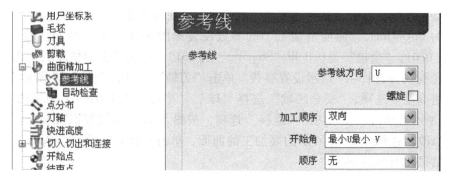

图 5-19 "曲面精加工" 选项下子选项 "参考线" 的设置

图 5-20 "刀轴"的设置

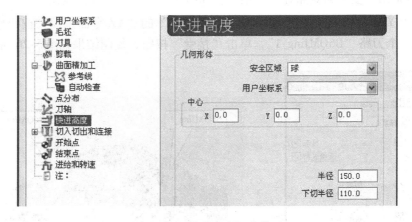

图 5-21 "快进高度"的设置

图 5-22 "切入切出和连接"的设置

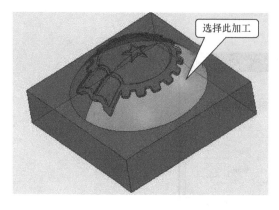

图 5-23 要加工的曲面

图 5-24 刀路 "B6QMJing"

右击刀路 "B6QMJing"，在弹出的快捷菜单中选择 "编辑" 菜单项的子菜单项 "变换…"，系统弹出 "变换刀具路径" 对话框，如图 5-25 所示。"变换复制" 复选框打钩，所做图形是关于 YZ 平面对称的，所以单击 "平面镜向" 的 "YZ 平面镜像" 按钮🔳，系统自动对称复制一个刀路 "B6QMJing_1"，单击 "接受" 按钮，复制结果如图 5-26 所示。

图 5-25 "变换刀具路径" 对话框

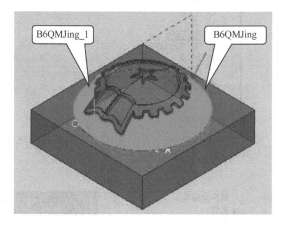

图 5-26 刀路 "B6QMJing" 和对称复制刀路
"B6QMJing_1"

单击刀路 "B6QMJing_1" 同时按键盘上的 〈Ctrl〉 键，再把刀路 "B6QMJing_1" 拖到刀路 "B6QMJing" 中，刀路 "B6QMJing_1" 就被加到刀路 "B6QMJing" 的后面，并合成一个刀路，然后删除刀路 "B6QMJing_1"。齿形外的整个球面部分加工刀路就完成了。

用同样的方法生成齿形内右边的球面精加工刀路 "B6NeiQMJing"，如图 5-27 所示。用YZ 平面镜像复制到左边刀路，如图 5-28 所示。把刀路 "B6NeiQMJing_1" 复制到刀路 "B6NeiQMJing" 中，然后删除刀路 "B6NeiQMJing_1"。

采用同样的方法得到图案 "书" 底部球面的刀路 "B6ShuQMJing"，如图 5-29 所示。齿形上表面刀路 "B6SHQMJing" 如图 5-30 所示。

图 5-27 齿形内右球面精加工刀路
"B6NeiQMJing"

图 5-28 镜像复制得到刀路
"B6NeiQMJing_1"

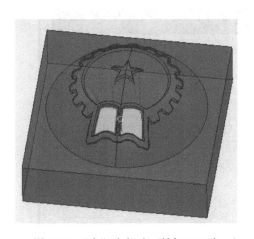

图 5-29 "书"底部球面精加工刀路
"B6ShuQMJing"

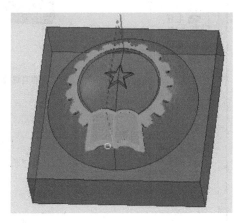

图 5-30 齿形上表面刀路 "B6SHQMJing"

把刀路"B6NeiQMJing"、"B6ShuQMJing"和
"B6SHQMJing"复制到刀路"B6QMJing",合并后
的刀路"B6QMJing"如图 5-31 所示。

**5. 五角星正面精加工刀具路径"B6PXJing"
的生成**

右击 PowerMILL 资源管理器中"边界"选项,
在弹出的"边界"快捷菜单中选择"定义边界"
菜单项下的子菜单项"用户定义边界",系统弹出
"用户定义边界"对话框(图 3-4),选中五角星
正面,单击"用户定义边界"对话框中的"模型"按钮 ■,系统就生成了图 5-32 所示的五角
形边界"1",激活边界"1"。

单击主工具栏"刀具路径策略"按钮 ■,系

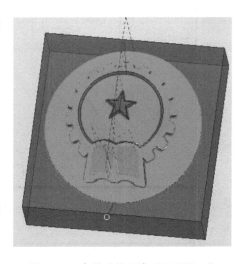

图 5-31 合并后的刀路 "B6QMJing"

统弹出"策略选择器"对话框,单击"精加工"选项
卡,选择"平行精加工"加工策略,单击"接受"按
钮,系统弹出"平行精加工"对话框,修改"刀具路径
名称"为 B6PXJing,"平行精加工"的参数设置如图 5-
33 所示。特别注意五个参数:"角度"为 45,"Style"为
"双向","公差"为 0.01,"余量"为 0.0 和"行距"
为 0.1。其他参数不用修改,单击"计算"按钮,系统
开始计算刀路,计算结果如图 5-34 所示。

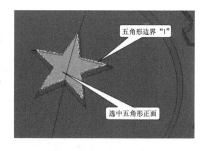

图 5-32 五角形边界

图 5-33 "平行精加工"的参数设置

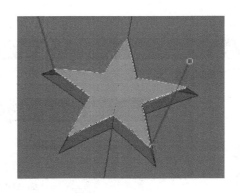

图 5-34　刀路 "B6PXJing"

 技巧　　做一个新的刀路时，刀路用到的公共参数如 "用户坐标系"、"毛坯"、"刀具"、"进给和转速"、"快进高度"、"开始点和结束点"、"切入切出和连接" 等都是前一个刀路设置的值（如果前一个刀路没有设置，则用的是再前一个，直到开始设置刀路的值）。如果这些参数不需要修改，可以跳过这些参数的设置，用默认值即可，这样可以提高编程效率。这也是为什么一开时就预设一些公共参数的原因。当需要修改某个参数时，激活该参数即可，当再选择新的加工策略时，激活的参数就可自动设置到加工策略中。

6. 所有球面图案侧面精加工刀具路径 "D4CMJing" 的生成

右击边界 "1"，在弹出的快捷菜单中选择 "激活"，边界 "1" 激活状态被取消。右击刀具 "D4"，在弹出的快捷菜单中选择 "激活"，使 D4 作为下个刀路的默认刀具。

单击主工具栏 "刀具路径策略" 按钮 ，系统弹出 "策略选择器" 对话框，单击 "精加工" 选项卡，选择 "SWARF 精加工" 加工策略，单击 "接受" 按钮，系统弹出 "SWARF 精加工" 对话框，修改 "刀具路径名称" 为 D4CMJing，"SWARF 精加工" 的参数设置如图 5-35 所示（"公差" 为 0.01，"余量" 为 0.0）。单击 "切入切出和连接" 选项下的 "连接" 子选项，"短" 选择为 "掠过"，其他参数不改。选择球面图案所有的侧面，单击 "计算" 按钮，系统开始计算刀路，计算结果如图 5-36 所示。

技巧　　如果球面图案的加工要求不是很高，则可以简化刀路，即可以用平行加工来加工整个球面部分，也就是刀路 "B6QMJing"、"B6PXJing" 和 "D4CMJing" 可以用一个刀路来近似，用 φ4mm 的球头刀，以球面部分最大的圆作为边界，行距为 0.1，生成一个刀路 "JinSiJing"，如图 5-37 所示。

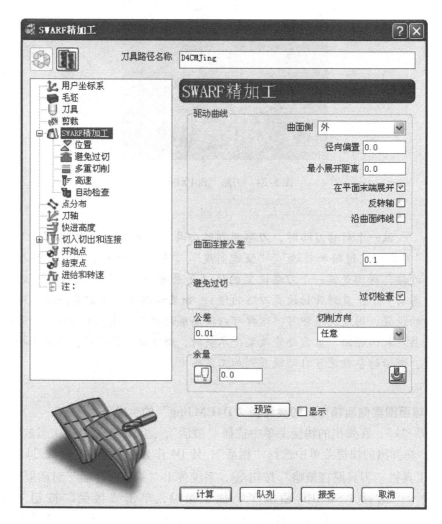

图 5-35 "SWARF 精加工"的参数设置

图 5-36 刀路 "D4CMJing"

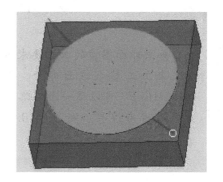

图 5-37 刀路 "JinSiJing"

5.2.3　刀具路径后处理生成 NC 程序

1. 三轴加工 NC 程序的生成

以刀路"B20R4KaiCu"和"D10PMJing"组成程序"5-sanzhou",其后处理设置如图 5-38 所示,"输出文件"设为"D:\PFAMfg\5\finish\5-sanzhou.nc","机床选项文件"选择 "D:\PFAMfg\post\XinRui4axial.opt"文件,单击"写入"按钮,系统就在文件夹"D:\ PFAMfg\5\finish\"下生成了三轴加工数控程序"5-sanzhou.nc"。

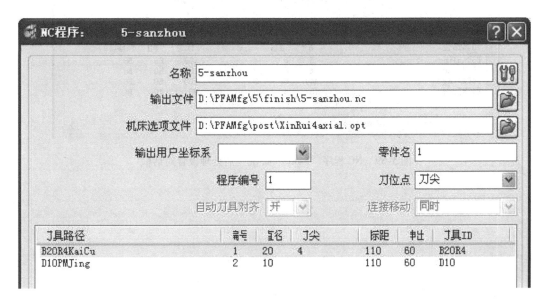

图 5-38　NC 程序"5-sanzhou.nc"后处理设置

2. 五轴加工 NC 程序的生成

五轴数控机床配置及坐标轴关系图同第 3 章。回转中心到 C 轴工作台面的距离是 69.608mm。

加工坐标系建立在 B 轴和 C 轴的交点上,本实例的毛坯为 200mm × 200mm × 103mm 的方料,外表面已经加工到位,零件的设计坐标系在零件底部中心上(球心),安装毛坯时让毛坯的中心在 C 轴的轴线上,一个边跟 X 轴平行,毛坯的底面紧贴 C 轴工作台。这样安装毛坯后,加工坐标系原点在设计坐标系的坐标为(0,0,-69.608)。

新建一用户坐标系"NCsys",坐标原点在世界坐标系的位置为(0,0,-69.608),参见第 3 章刀路后处理部分。这个坐标系就是零件加工时的工件坐标系,也是出程序的坐标系。

以刀路"B8BanJing"、"B6QMJing"、"B6PXJing"和"D4CMJing"组成五轴程序 "5-wuzhou.nc","输出文件"设为"D:\PFAMfg\5\finish\5-wuzhou.nc",其后处理设置如图 5-39 所示,"机床选项文件"选择"D:\PFAMfg\post\Sky5axtt.opt"文件,单击"写入"按钮,系统就在文件夹"D:\PFAMfg\5\finish\"下生成了五轴数控程序"5-wuzhou.nc"。

在文件夹"D:\PFAMfg\5\finish\"下保存文件名为"5-球面图案加工"的工程。

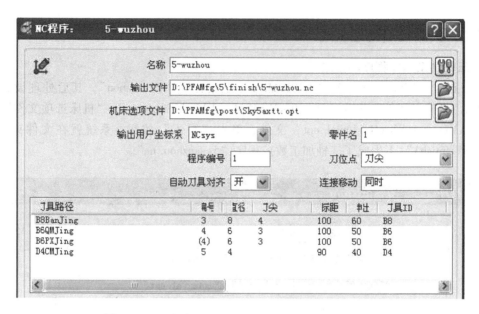

图 5-39 NC 程序"5-wuzhou. nc"后处理设置对话框

第6章 螺旋面零件加工实例

6.1 螺旋面零件加工工艺分析

1. 零件加工特性分析

本实例要加工的零件有一个凹形的螺旋面，如图 6-1 所示。螺旋面是由螺旋线和圆弧线用扫描的方式生成的。螺旋面以等厚的方式生成螺旋薄体，螺旋薄体的内螺旋面是凹圆弧形面，而外螺旋面则是凸圆弧形面。在螺旋薄体的里面还有一个斜圆柱薄体，它对加工内螺旋面是一个障碍。零件的底座是圆柱体，底座的上表面是圆弧面，底座的上圆弧面与螺旋薄体和斜圆柱薄体相交，设计坐标系在底座圆柱体的底面中心（底座圆柱轴线与底座圆柱底面的交点）上。如果零件在加工时的工件坐标系与其设计坐标系一致，那么从 Z 轴的正向看，内螺旋面是看不到的，也就是用三轴加工是无法加工的。同样，外螺旋面的下半部分也是加工不了的。斜圆柱薄体是直的，底座上表面是圆弧面，这些三轴加工均能加工。所以，螺旋薄体的内螺旋面和外螺旋面的下半部分必须要用五轴加工。特别是内螺旋面，它还受里面斜圆柱薄体的干扰，加工时要合理地选择加工方法和刀轴控制方法。

三轴加工能完成粗加工，斜圆柱薄体、螺旋薄体外螺旋面上半部分及底座上表面的精加工；螺旋薄体外螺旋面的下半部分和内螺旋面用五轴加工完成。

毛坯为 φ250mm × 136mm 的圆棒料，圆柱外圆直径和长度都已经加工到位，材料为黄铜。

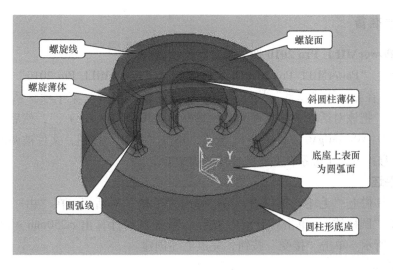

图 6-1 螺旋面零件

2. 编程要点分析

1）牛鼻刀三轴粗加工。虽然要尽量用大直径的牛鼻刀加工零件，但要求刀具要能走到任何一个位置，所以刀具直径的大小要综合考虑。

2）三轴精加工所有能加工到的面。底座上表面是曲面，唯一的方法就是扫过所有的曲面，但斜圆柱面是直面，用刀具的侧刃可以精确地加工到圆柱薄体的所有侧面。

3）五轴加工螺旋薄体的内、外螺旋面，特别要注意刀轴的控制。

3. 加工方案（表6-1）

1）φ18mmR4mm 的牛鼻刀，"模型区域清除"加工策略粗加工。

2）φ10mm 的球头刀，"螺旋精加工"加工策略精加工所有能加工的部分。

3）φ10mm 的球头刀，"轮廓精加工"加工策略精加工斜圆柱薄体侧面。

4）φ10mm 的球头刀，"曲面精加工"加工策略精加工螺旋薄体内螺旋面。

5）φ10mm 的球头刀，"曲面精加工"加工策略精加工螺旋薄体外螺旋面。

表6-1　螺旋面零件的加工方案

序号	加工策略	刀具路径名	刀具名	步距/mm	切削深度/mm	余量/mm
1	模型区域清除	B18R4KaiCu	B18R4	10	0.5	0.3
2	螺旋精加工	B10Jing	B10	0.1		0
3	轮廓精加工	B10XYZJing	B10			0
4	曲面精加工	B10NEILXMJing	B10	0.1		0
5	曲面精加工	B10WAILXMJing	B10	0.1		0

6.2　螺旋面零件加工编程过程

6.2.1　编程准备

1. 启动 PowerMILL Pro 2010 调入加工零件模型

双击桌面上"PowerMILL Pro 2010"快捷图标，"PowerMILL Pro 2010"被启动。右击"模型"选项，在弹出的"模型"快捷菜单中选择"输入模型"菜单项，系统弹出"输入模型"对话框，把该对话框中"文件类型"选择为"IGES（＊.ig＊）"，然后选择螺旋面零件模型文件"D：\PFAMfg\6\source\helix.igs"，单击"打开"按钮，文件被调入，零件如图6-1所示。注意：设计坐标系在底座圆柱体底面中心上。

2. 建立毛坯

单击主工具栏上"毛坯"按钮🗿，系统弹出"毛坯"对话框，在"由…定义"的下拉列表框中选择"圆柱体"，单击"计算"按钮，系统自动计算出 φ250mm × 136mm 的圆柱体，如图6-2所示。单击"接受"按钮，完成毛坯创建。

3. 创建刀具

（1）建立 φ18mmR4mm 的牛鼻刀 B18R4　右击"刀具"选项，选择"产生刀具"→"刀尖圆角端铣刀"，系统弹出"刀尖圆角端铣刀"对话框。在"刀尖"选项卡中，"直径"设置为18，"长度"设置为50，"刀尖半径"设置为4，"名称"设置为B18R4，"刀具编

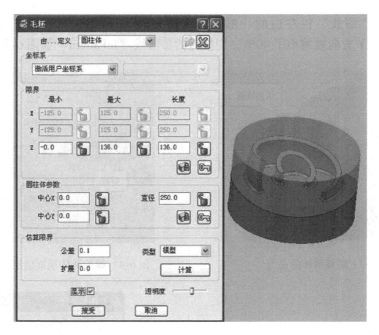

图 6-2 "毛坯"对话框及生成的毛坯

号"设置为 1。在"刀柄"选项卡中,"顶部直径"和"底部直径"都设置为 18,"长度"设置为 50。在"夹持"选项卡中,"顶部直径"和"底部直径"都设置为 50,"长度"设置为 50,"伸出"长度设置为 80,其他值采用默认值(图 1-4)。

(2)建立 φ10mm 球头刀 B10 右击"刀具"选项,选择"产生刀具"→"球头刀",系统弹出"球头刀"对话框。在"刀尖"选项卡中,"直径"设置为 10,"长度"设置为 70,"名称"设置为 B10,"刀具编号"设置为 2。在"刀柄"选项卡中,"顶部直径"和"底部直径"都设置为 10,"长度"设置为 40。在"夹持"选项卡中,"顶部直径"和"底部直径"都设置为 50,"长度"设置为 50,"伸出"长度设置为 80,其他参数不修改。

右击"B18R4",在弹出的快捷菜单中选择"激活",使刀具 B20R4 作为默认的加工刀具。

4. 建立参考线

(1)螺旋薄体内螺旋面参考线"InPattern"的创建 右击 PowerMILL 资源管理器中"参考线"选项,在弹出的"参考线"快捷菜单中选择"产生参考线"菜单项,系统会在"参考线"下产生一条名称为"1"的参考线。右击参考线"1",在弹出的快捷菜单中选择"重新命名"菜单项,修改参考线"1"为 InPattern。选中图 6-3 所示的螺旋薄体的顶面,单击"参考线"工具栏上的"插入模型到激活参考线"按钮 ,系统就以螺旋薄体的顶面边界生成一条封闭的参考线。如图 6-4 所示,利用"参考线"工具栏上的"曲线编辑器"按钮 修剪该参考线,剪掉外圈的边和两个小圆弧过渡的边,保留内螺旋面的顶边,修剪后的参考线"InPattern"如图 6-5 所示。右击参考线"InPattern",在弹出的快捷菜单中选择"编辑"菜单项下的子菜单项"变换…",系统弹出"变换参考线"对话框,如图 6-6 所示。在"相对位置"栏右边的"距离"文本框中输入 20,单击该栏左边的"沿 Z 轴"按钮 ,参考线"InPattern"就沿着 Z 轴正方向移动了 20mm。在"缩放"栏右边的文本框中输入

0.6，分别单击"缩放"栏左边的"缩放 X"按钮 ❎、"缩放 Y"按钮 ❎，则参考线"InPattern"在 XY 方向被缩小了 40%，变换后的参考线"InPattern"如图 6-7 所示。

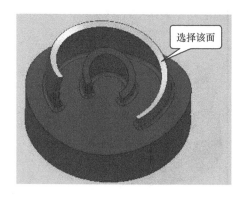

图 6-3　螺旋薄体的顶面

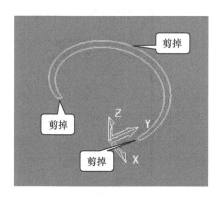

图 6-4　螺旋薄体顶面创建的参考线

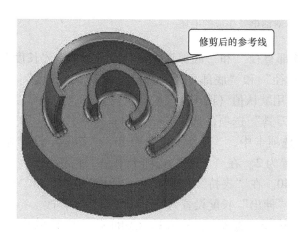

图 6-5　修剪后的参考线"InPattern"

图 6-6　"变换参考线"对话框

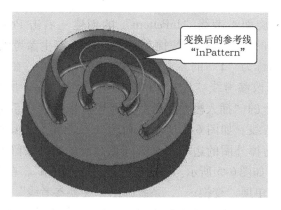

图 6-7　变换后的参考线"InPattern"

（2）螺旋薄体外螺旋面参考线"OutPattern"的创建　右击 PowerMILL 资源管理器中"参考线"选项，在弹出的"参考线"快捷菜单中选择"产生参考线"菜单项，系统在"参考线"下又产生一个名称为"1"的参考线，右击参考线"1"，在弹出的快捷菜单中选择"重新命名"菜单项，修改参考线"1"为 OutPattern。选中图 6-8 所示的底座上表面，单击"参考线"工具栏上的"插入模型到激活参考线"按钮，系统就以底座上表面的所有边界生成了三个封闭的参考线。选择图 6-9 所示里面的两个封闭边界，单击键盘上的〈Delete〉键，则选中的两个封闭边界被删除，留下最外边的、最大的封闭边界，如图 6-10 所示。右击参考线"OutPattern"，在弹出的快捷菜单中选择"编辑"菜单项下的子菜单项"变换…"，系统弹出"变换参考线"对话框，如图 6-11 所示。在"相对位置"栏右边的"距离"文本框中输入 30，单击该栏左边的"沿 Z 轴"按钮，参考线"OutPattern"就沿着 Z 轴正方向移动了 30mm。在"缩放"栏右边的文本框中输入 1.5，分别单击"缩放"栏左边的"缩放 X"按钮、"缩放 Y"按钮，则参考线"OutPattern"在 XY 方向被放大了 1.5 倍，单击"接受"按钮，完成参考线"OutPattern"的变换。变换后的参考线"Out-Pattern"如图 6-12 所示。

图 6-8　底座上表面

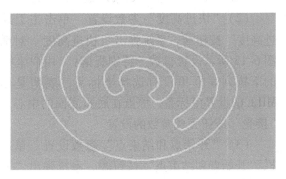

图 6-9　螺旋薄体顶面创建的参考线

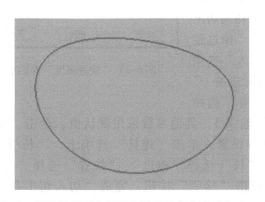

图6-10　删除里面两个封闭边界后的参考线"OutPattern"

图 6-11　"变换参考线"对话框

图 6-12 变换后的参考线"OutPattern"

5. 部分加工参数预设置

（1）"进给和转速"参数设置 单击主工具栏"进给和转速"按钮 ，系统弹出"进给和转速"对话框，修改"切削条件"栏的参数有："主轴转速"为 3000.0r/min；"切削进给率"为 2000.0mm/min；"下切进给率"为 100.0mm/min；"掠过进给率"为 3000.0mm/min。其他参数采用默认值（图 1-6）。

（2）"快进高度"参数设置 单击主工具栏"快进高度"按钮 ，系统弹出"快进高度"对话框，按图 6-13 所示设置参数。特别提醒："用户坐标系"后的下拉列表框里没有选择坐标系，表明是用 Power-MILL 的世界坐标系，原点在底座底面的中心上。单击"接受"按钮完成参数的设置。

（3）"开始点和结束点"参数设置 单击主工具栏"开始点和结束点"按钮 ，系统弹出"开始点和结束点"对话框。"开始点"选项卡中"使用"选择"第一点安全高度"，"结束点"选项卡中"使用"选择"最后一点安全高度"，其他参数采用默认值，单击"接受"按钮完成参数设置（图 1-8 和图 1-9）。

（4）"切入切出和连接"参数设置 单击主工具栏"切入切出和连接"按钮 ，系统弹出"切入切出和连接"对话框。单击"Z 高度"选项卡，"掠过距离"设为 5，"下切距离"设为 2。单击"切入"选项卡，"第一选择"选择"斜向"，单击"斜向选项…"按钮，在"斜向切入选项"对话框中"沿着"选择

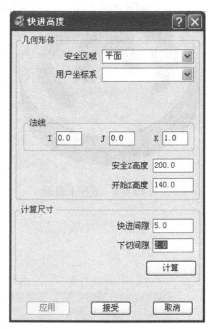

图 6-13 "快进高度"对话框

"圆形"，"圆圈直径"输入 0.5，"高度"输入 3，其他参数采用默认值，单击"接受"按钮完成"斜向切入选项"对话框的参数设置。单击"连接"选项卡，"长/短分界值"输入 50，"短"选择"圆形圆弧"，"长"选择"掠过"，"缺省"选择"掠过"，如图 6-14 所示，其他参数不需要修改。单击"接受"按钮，完成"切入切出和连接"的参数设置。

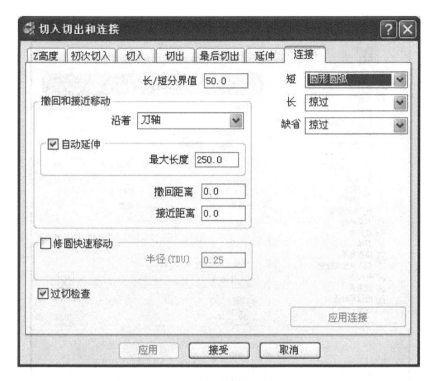

图 6-14　"连接"选项卡的参数设置

6.2.2　刀具路径的生成

1. 三轴粗加工刀具路径"B18R4KaiCu"的生成

单击主工具栏"刀具路径策略"按钮，系统弹出"策略选择器"对话框。单击"三维区域清除"选项卡，选择"模型区域清除"加工策略，再单击"策略选择器"下的"接受"按钮，系统弹出"模型区域清除"对话框，修改"刀具路径名称"为 B18R4KaiCu，"模型区域清除"的参数设置如图 6-15 所示。特别注意几个参数："公差"为 0.05，"余量"为 0.3，"行距"为 10.0，"下切步距"选择"自动"并输入 0.5。单击"计算"按钮，系统开始计算刀具路径，计算结果得到图 6-16 所示的刀路"B18R4KaiCu"。最后单击"取消"按钮完成刀具路径的生成，其三维仿真结果如图 6-17 所示。

2. 三轴精加工刀具路径"B10Jing"的生成

右击刀具"B10"，在弹出的快捷菜单中选择"激活"菜单项，使刀具"B10"作为下一个刀路的默认刀具。

单击主工具栏"刀具路径策略"按钮，系统弹出"策略选择器"对话框。单击"精加工"选项卡，选择"螺旋精加工"加工策略，单击"接受"按钮，系统弹出"螺旋精加工"对话框。修改"刀具路径名称"为 B10Jing，"螺旋精加工"的参数设置如图 6-18 所示。特别注意三个参数："公差"为 0.05，"余量"为 0.0 和"行距"为 0.1，其他参数不需要修改。单击"计算"按钮，系统开始计算刀路，计算结果如图 6-19 所示。可以明显看到内螺旋面和外螺旋面的下半部分没有刀路，从另外一方面验证了前面的分析，所以只有三轴加工是不能完成螺旋薄体的精加工的。

图 6-15 "模型区域清除"的参数设置

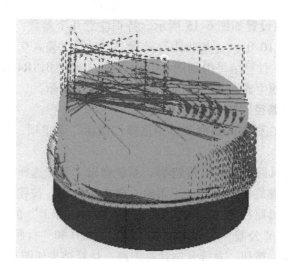

图 6-16 刀路 "B18R4KaiCu"

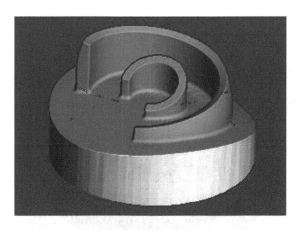

图 6-17　刀路"B18R4KaiCu"三维仿真结果

图 6-18　"螺旋精加工"对话框

85

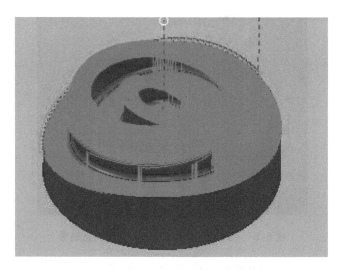

图 6-19　刀路 "B10Jing"

> PowerMILL 三轴精加工策略是有很多选择的，虽然有个人的偏好，但更多的是依靠编程者的经验来选择。例如本实例中，螺旋精加工策略不是唯一的加工方法，也可以选择平行精加工策略，当然也可以选择其他的加工策略，但从 Z 轴投影方向看零件，零件都是由圆或圆弧构成的，所以使用螺旋精加工策略是效率最高的。

3. 斜圆柱薄体精加工刀具路径 "B10XYZJing" 的生成

单击主工具栏 "刀具路径策略" 按钮，系统弹出 "策略选择器" 对话框，单击 "精加工" 选项卡，选择 "轮廓精加工" 加工策略，单击 "接受" 按钮，系统弹出 "轮廓精加工" 对话框，修改 "刀具路径名称" 为 B10XYZJing，"轮廓精加工" 的参数设置如图 6-20 所示。特别注意三个参数："公差" 为 0.1，"切削方向" 选择 "任意"，"余量" 为 0.0，其他参数不需要修改。选择图 6-21 所示的所有斜圆柱薄体的侧面（圆柱面），单击 "计算" 按钮，系统开始计算刀路，计算结果如图 6-21 所示。

4. 内螺旋面精加工刀具路径 "B10NEILXMJing" 的生成

单击主工具栏 "刀具路径策略" 按钮，系统弹出 "策略选择器" 对话框，单击 "精加工" 选项卡，选择 "曲面精加工" 加工策略，单击 "接受" 按钮，系统弹出 "曲面精加工" 对话框，修改 "刀具路径名称" 为 B10NEILXMJing，"曲面精加工" 的参数设置如图 6-22所示。特别注意三个参数："公差" 为 0.01，"余量" 为 0.0 和 "Stepover" 为 0.1。单击 "曲面精加工" 选项下的子选项 "参考线"，按图 6-23 所示设置参数。单击 "刀轴" 选项，"刀轴" 设置为 "自曲线"，"参考线" 的下拉列表框选择 "InPattern"，如图 6-24 所示。单击 "切入切出和连接" 选项，按图 6-25 所示设置该项参数，其他参数不需要修改。选择图 6-26 所示的螺旋薄体的内螺旋面，单击 "计算" 按钮，系统开始计算刀路，计算结果如图 6-27 所示。

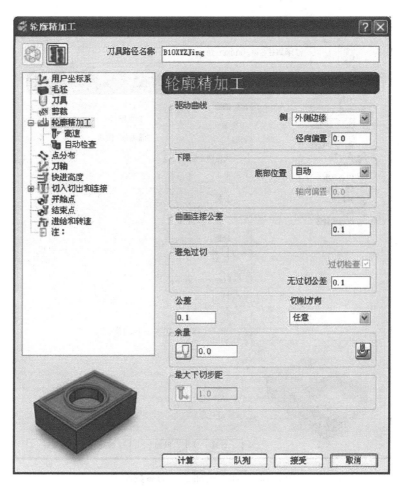

图 6-20 "轮廓精加工"的参数设置

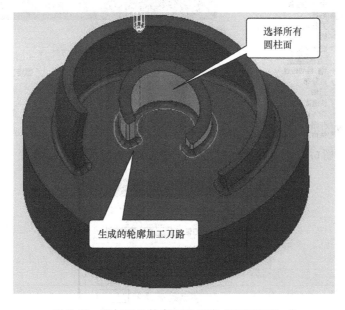

图 6-21 要加工的轮廓面和刀路 "B10XYZJing"

图 6-22　"曲面精加工"的参数设置

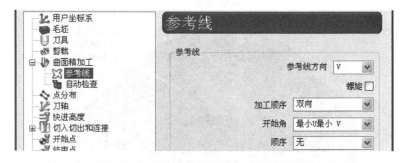

图 6-23　"曲面精加工"选项下子选项"参考线"的参数设置

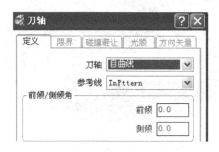

图 6-24　"刀轴"的参数设置

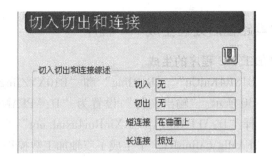

图 6-25　"切入切出和连接"的参数设置

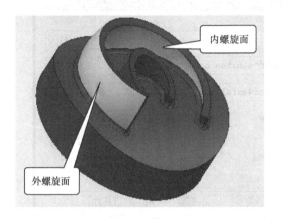

图 6-26　螺旋薄体的内螺旋面

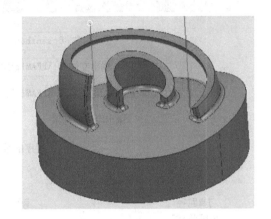

图 6-27　刀路 "B10NEILXMJing"

5. 外螺旋面精加工刀具路径 "B10WAILXMJing" 的生成

激活刀路 "B10NEILXMJing" 并使处于设置状态，单击按钮，系统生成一个名为 "B10NEILXMJing_1" 的新刀路，该新刀路所有参数与 "B10NEILXMJing" 完全一样，修改 "刀具路径名称" 为 B10WAILXMJing，"刀轴" 选择 "自曲线"，"参考线" 选择 "OutPattern"，如图 6-28 所示。选择图 6-26 所示的外螺旋面，其他参数不需要修改，单击 "计算" 按钮，系统开始计算刀路，计算结果如图 6-29 所示。

图 6-28　刀轴设置

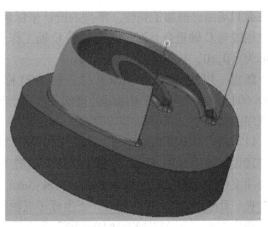

图 6-29　刀路 "B10WAILXMJing"

6.2.3 刀具路径后处理生成 NC 程序

1. 三轴加工 NC 程序的生成

以刀路"B18R4KaiCu"、"B10Jing"和"B10XYZJing"组成程序"6-sanzhou",其后处理设置如图 6-30 所示。"输出文件"设置为"D：\PFAMfg\6\finish\6-sanzhou. nc","机床选项文件"选择"D：\PFAMfg\post\XinRui4axial. opt"文件,单击"写入"按钮,系统就在文件夹"D：\PFAMfg\6\finish\"下生成了三轴加工数控程序"6-sanzhou. nc"。

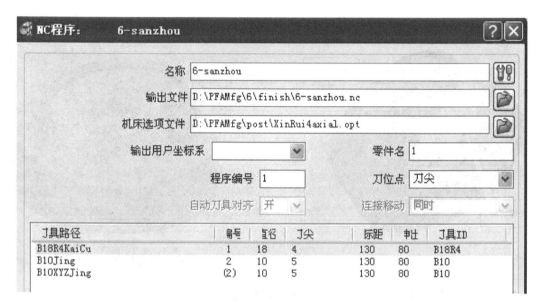

图 6-30 NC 程序 "6-sanzhou. nc" 后处理设置

2. 五轴加工 NC 程序的生成

五轴数控机床配置及坐标轴逻辑关系同第 3 章。回转中心到 C 轴工作台面的距离是 69.608mm。

加工坐标系建立在 B 轴和 C 轴的交点上,本实例的毛坯为 φ250mm × 136mm 的圆棒料,圆柱面和端面已经加工到位,零件的设计坐标系在零件底座圆柱底面中心上,安装毛坯时使圆柱轴线与 C 轴重合,圆柱底面紧贴 C 轴工作台。这样,加工坐标系原点在设计坐标系的坐标为 (0, 0, -69.608)。

新建一用户坐标系"NCsys",加工坐标系原点在世界坐标系的坐标为 (0, 0, -69.608),参见第 3 章刀路后处理部分。这个坐标系就是零件加工时的工件坐标系,也是出程序的坐标系。

以刀路"B10NEILXMJing"和"B10WAILXMJing"组成五轴程序"6-wuzhou. nc",其后处理设置如图 6-31 所示。"输出文件"设置为"D：\PFAMfg\6\finish\6-wuzhou. nc","机床选项文件"选择"D：\PFAMfg\post\Sky5axtt. opt"文件,单击"写入"按钮,系统就在文件夹"D：\PFAMfg\6\finish\"下生成了五轴数控程序"6-wuzhou. nc"。

在文件夹"D：\PFAMfg\6\finish\"下保存文件名为"6-螺旋面零件加工"的工程。

图 6-31 NC 程序 "6- wuzhou. nc" 后处理设置

第7章　精密模具型芯加工实例

7.1　精密模具型芯加工工艺分析

1. 零件加工特性分析

一般的模具型腔或型芯加工只需要用三轴加工就可以实现，尤其是只有上下模的模具。对于有斜抽芯的模具，借助工装也可以用三轴加工。当然，一些结构复杂的模具，用五轴机床一次装夹完成尽量多的工序甚至完成整个型腔或型芯的加工也是常用的方法。本实例的型芯有很高的尺寸精度要求和表面粗糙度要求，三轴加工刀具沿着 Z 轴，型芯大部分表面是平坦的曲面，刀轴几乎与曲面垂直，也就是在精加工该型芯的表面时刀轴与曲面近似垂直，即球头刀的刀尖与工件表面接触，而刀尖点线速度等于零，所以工件表面基本上是用挤压的方式加工出来的，表面质量以及尺寸精度都无法达到加工要求。高速铣及五轴技术越来越多地应用到模具的加工中，特别是对于精度和表面粗糙度要求很高的模具，利用五轴高速铣就能直接加工出合格的模具，不再需要后续的研磨等手段，可以缩短模具设计制造周期，保证尺寸的一致性，提高模具设计制造的竞争力。

本实例用的材料是冷作模具用钢 CrWMn，因材料较硬，建议用硬质合金刀具加工。五轴高速加工不但可以解决刀轴与型

图 7-1　精密模具型芯

芯表面近似垂直的问题，还可以利用多轴的刀轴控制方法使加工刀具的刀轴与加工表面成一定的角度，避免加工中的挤压，更可以利用其高速性能薄层快切，实现高精度和高表面质量加工。

毛坯为 200mm × 200mm × 57mm 冷作模具用钢方料，毛坯表面已经加工到位可以作为基准。

2. 编程要点分析

1）端铣刀三轴粗加工。因零件圆盘的侧面有一段直面，所以不适宜用牛鼻刀，而用端铣刀可以切削方形面与圆柱面交界处的余量。

2）用端铣刀三轴粗加工时，圆盘靠近中心部分有个圆环是凹进去的，端铣刀无法加工，所以要用球头刀二次粗加工。

3）方形上表面的平面及中间部分的圆形平面用端铣刀的底刃进行精加工。

4）球头刀精加工型芯圆盘曲面部分，控制刀轴不使刀尖作为刀具和工件的接触点。

5）凹环部分的圆弧半径只有 1.5mm，用 φ2mm 的球头刀作清根处理。

3. 加工方案（表 7-1）

1）φ20mm 的端铣刀，"模型区域清除"加工策略粗加工。

2）φ8mm 的球头刀，"模型区域清除"加工策略二次粗加工。

3）φ20mm 的端铣刀，"平行偏置精加工"加工策略精加工平面部分。

4）φ8mm 的球头刀，"螺旋精加工"加工策略精加工圆盘曲面部分。

5）φ2mm 的球头刀，"多笔清角精加工"加工策略清角加工凹环面。

表 7-1 精密模具型芯的加工方案

序号	加工策略	刀具路径名	刀具名	步距/mm	切削深度/mm	余量/mm
1	模型区域清除	D20KaiCu	D20	18	0.2	0.2
2	模型区域清除	B8BanJing	B8	0.25	0.2	0.2
3	平行偏置精加工	D20PMJing	D20	18		0
4	螺旋精加工	B8YPJing	B8	0.1		0
5	多笔清角精加工	B2QingGJing	B2	0.01		0

7.2 精密模具型芯加工编程过程

7.2.1 编程准备

1. 启动 PowerMILL Pro 2010 调入加工零件模型

双击桌面上"PowerMILL Pro 2010"快捷图标，"PowerMILL Pro 2010"被启动。右击"模型"选项，在弹出的"模型"快捷菜单中选择"输入模型"菜单项，系统弹出"输入模型"对话框，把该对话框中"文件类型"选择为"IGES（＊.ig＊）"，然后选择精密模具型芯模型文件"D：\PFAMfg\7\source\mold. igs"，单击"打开"按钮，文件被调入，零件如图 7-1 所示。注意：设计坐标系在下部底面矩形的左下角上。

2. 建立毛坯

单击主工具栏上"毛坯"按钮，系统弹出"毛坯"对话框，如图 7-2 所示。在"由…定义"的下拉列表框中选择"方框"，单击"计算"按钮，系统自动计算出一个 200mm ×200mm ×56.37613mm 的长方体，把 Z 坐标的最大值 56.37613 修改为 57.0，与实际的毛坯 200mm ×200mm ×57mm 一致，单击"接受"按钮，完成毛坯创建。

3. 创建刀具

（1）建立 φ20mm 的端铣刀 D20　右击"刀具"选项，选择"产生刀具"→"端铣刀"，系统弹出"端铣刀"对话框。在"刀尖"选项卡中，"直径"设置为 20，"长度"设置为 50，"名称"设置为"D20"，"刀具编号"设置为 1。在"刀柄"选项卡中，"顶部直径"和"底部直径"都设置为 20，"长度"设置为 50。在"夹持"选项卡中，"顶部直径"和"底部直径"都设置为 50，"长度"设置为 50，"伸出"长度设置为 60，其他参数采用默认值（图 1-4）。

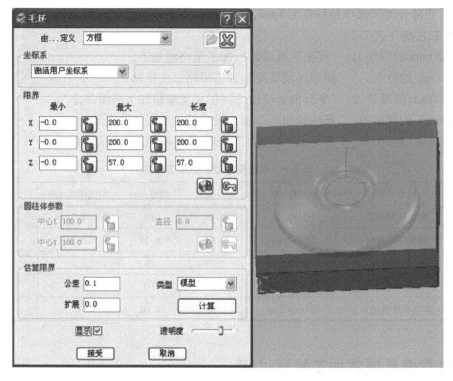

图 7-2 "毛坯"对话框及生成的毛坯

（2）建立 φ8mm 的球头刀 B8　右击"刀具"选项，选择"产生刀具"→"球头刀"，系统弹出"球头刀"对话框。在"刀尖"选项卡中，"直径"设置为 8，"长度"设置为 40，"名称"设置为"B8"，"刀具编号"设置为 2。在"刀柄"选项卡中，"顶部直径"和"底部直径"都设置为 8，"长度"设置为 40。在"夹持"选项卡中，"顶部直径"和"底部直径"都设置为 50，"长度"设置为 50，"伸出"长度设置为 60，其他参数不修改。

（3）建立 φ2mm 的球头刀 B2　右击"刀具"选项，选择"产生刀具"→"球头刀"，系统弹出"球头刀"对话框。在"刀尖"选项卡中，"直径"设置为 2，"长度"设置为 30，"名称"设置为"B2"，"刀具编号"设置为 3。在"刀柄"选项卡中，"顶部直径"和"底部直径"都设置为 2，"长度"设置为 30。在"夹持"选项卡中，"顶部直径"和"底部直径"都设置为 50，"长度"设置为 50，"伸出"长度设置为 40，其他参数不修改。

右击刀具"D20"，在弹出的快捷菜单中选择"激活"，使刀具"D20"作为默认的加工刀具。

4. 建立边界

右击 PowerMILL 资源管理器中"边界"选项，在弹出的"边界"快捷菜单中选择"定义边界"菜单项下的子菜单项"用户定义边界"，系统弹出"用户定义边界"对话框（图 3-4），选中图 7-3 所示的两个面，单击"用户定义边界"对话框中的"模型"按钮，系统就以这两个表面的边界生成了图 7-4 所示的边界"1"。注意：它由三个封闭的曲线构成。右击边界"1"，在弹出的快捷菜单中选择"激活"菜单项（该菜单项此时前面有钩"✓ 激活"），"激活"状态被取消。

图 7-3 选择创建边界的两个平面

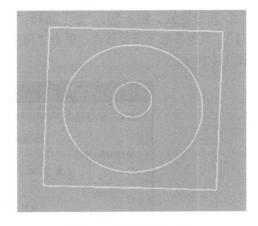

图 7-4 创建的边界"1"

5. 部分加工参数预设置

（1）"进给和转速"参数设置 单击主工具栏"进给和转速"按钮 $\overline{\sqcap}$ ，系统弹出"进给和转速"对话框，修改"切削条件"栏的参数有："主轴转速"为 14000.0r/min；"切削进给率"为 2000.0mm/min；"下切进给率"为 200.0mm/min；"掠过进给率"为 3000.0mm/min，其他参数采用默认值（图 1-6）。特别提醒：主轴转速是 14000r/min，冷作模具用钢是比较难加工的材料，需要采用薄层（切削深度为 0.2mm）高速铣（14000.0r/min）。

（2）"快进高度"参数设置 单击主工具栏"快进高度"按钮 Ξ ，系统弹出"快进高度"对话框，按图 7-5 所示设置参数。特别提醒："用户坐标系"后的下拉列表框里没有选择坐标系，表明是用 PowerMILL 的世界坐标系，原点在底面矩形的左下角，单击"接受"按钮完成参数设置。

（3）"开始点和结束点"参数设置 单击主工具栏"开始点和结束点"按钮 $\overline{\clubsuit}$ ，系统弹出"开始点和结束点"对话框。"开始点"选项卡中"使用"选择"第一点安全高度"，"结束点"选项卡中"使用"选择"最后一点安全高度"，其他参数采用默认值，单击"接受"按钮完成参数设置（图 1-8 和图 1-9）。

（4）"切入切出和连接"参数设置 单击主工具栏"切入切出和连接"按钮 $\mathbb{V}$ ，系统弹出"切入切出和连接"对话框。单击"Z 高度"选项卡，"掠过距离"设为 5，"下切距离"设为 2。单击"切入"选项卡，"第一选择"选择"斜向"。单击"斜向选项…"按钮，在"斜向切入选项"对话框

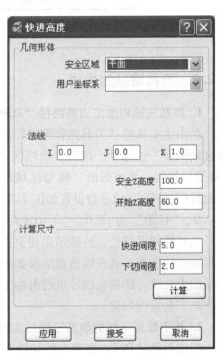

图 7-5 "快进高度"对话框

中"沿着"选择"圆形"，"圆圈直径"输入 0.5，"高度"输入 5，其他参数采用默认值。单击"接受"按钮，完成"斜向切入选项"对话框的参数设置。单击"连接"选项卡，

"长/短分界值"输入 50，"短"选择"圆形圆弧"，"长"选择"掠过"，"缺省"选择"掠过"，其他参数不需要修改。单击"接受"按钮，完成"切入切出和连接"的参数设置，如图 7-6 所示。

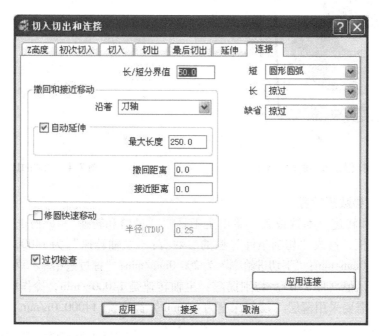

图 7-6 "连接"选项卡的参数设置

7.2.2 刀具路径的生成

1. 型芯三轴粗加工刀具路径"D20KaiCu"的生成

单击主工具栏"刀具路径策略"按钮🖼，系统弹出"策略选择器"对话框，单击"三维区域清除"选项卡，选择"模型区域清除"加工策略，再单击"策略选择器"对话框的"接受"按钮，系统弹出"模型区域清除"对话框，修改"刀具路径名称"为 D20KaiCu，"模型区域清除"的参数设置如图 7-7 所示。特别注意几个参数："公差"为 0.05，"余量"为 0.2，"行距"为 18.0，"下切步距"选择"自动"并输入 0.2。单击"计算"按钮，系统开始计算刀具路径，计算结果得到图 7-8 所示的刀具路径。最后单击"取消"按钮完成刀具路径的生成，其三维仿真结果如图 7-9 所示。从仿真图中可以看到，圆盘曲面部分有很明显的大波纹，凹进去的环也没有加工出来，所以必须要用直径小些的球头刀二次粗加工才能使加工余量均匀化。

2. 基于残留毛坯的型芯三轴二次粗加工刀具路径"B8BanJing"的生成

右击刀具"B8"，在弹出的快捷菜单中选择"激活"菜单项，把刀具"B8"作为下个刀路默认刀具。

右击 PowerMILL 资源管理器中"残留模型"选项，在弹出的快捷菜单中选择"产生残留模型"菜单项，系统在"残留模型"选项下生成一个名为"1"的残留模型，右击残留模型"1"，在弹出的快捷菜单中选择"应用"菜单下的子菜单项"毛坯"，在残留模型"1"

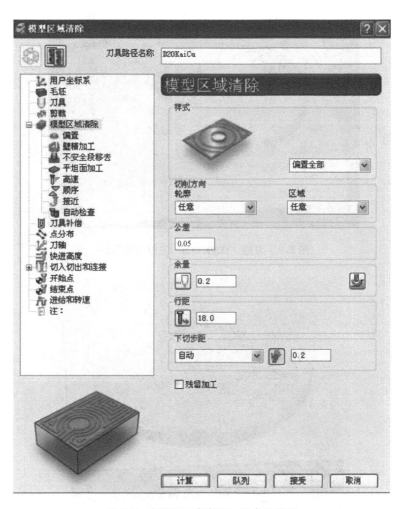

图 7-7　"模型区域清除"的参数设置

图 7-8　刀路"D20KaiCu"

里就有了毛坯，再右击残留模型"1"并选择"应用"下的子菜单项"激活刀具路径在后"，刀路"D204KaiCu"被加到残留模型中，再次右击残留模型"1"，在弹出的快捷菜单中选择"计算"菜单项，系统开始计算残留模型，计算结果如图 7-10 所示（阴影显示）。

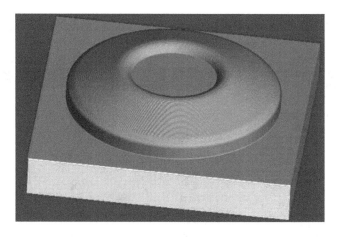

图 7-9　刀路"D20KaiCu"三维仿真结果

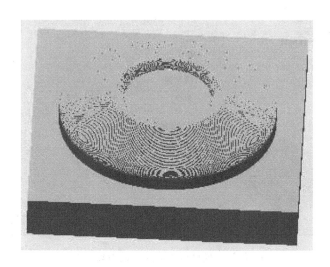

图 7-10　由毛坯和刀路"D20KaiCu"形成的残留毛坯"1"

　　单击主工具栏"刀具路径策略"按钮，系统弹出"策略选择器"对话框，单击"三维区域清除"选项卡，选择"模型区域清除"加工策略，单击"接受"按钮，系统弹出"模型区域清除"对话框，其参数按图 7-11 所示设置。在"残留加工"的复选框里打钩，对话框标题立即变成"模型残留区域清除"，浏览器里的"模型区域清除"选项的名字也变成了"模型残留区域清除"，并且在该选项下添加"残留"子选项，单击"残留"子选项，系统显示"残留"参数设置对话框，如图 7-12 所示。在"残留加工"的下拉列表框里选择"残留模型"，在右边的下拉列表框里就会把用户建立的残留模型都列出，选择残留模型"1"。单击"快进高度"选项，其参数按图 7-13 所示设置。单击"切入切出和连接"选项，其参数按图 7-14 所示设置。其他的参数只需要采用默认值即可。单击"计算"按钮，系统开始计算刀路，计算结果如图 7-15 所示，两个粗加工刀路三维仿真结果如图 7-16 所示。从三维仿真结果来看，凹的环形槽已经加工出来，整个形状与零件模型基本一样，说明留下的加工余量这时比较均匀了。

图 7-11　"模型残留区域清除"的参数设置

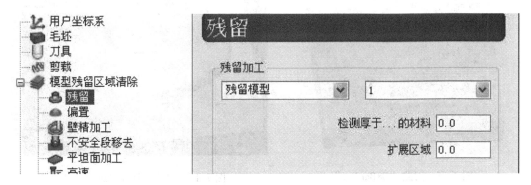

图 7-12　"残留"选项的参数设置

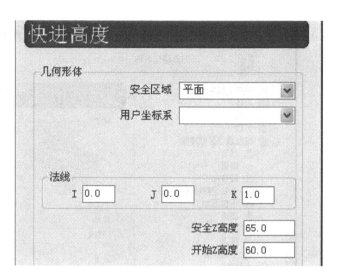

图 7-13 "快进高度"选项的参数设置

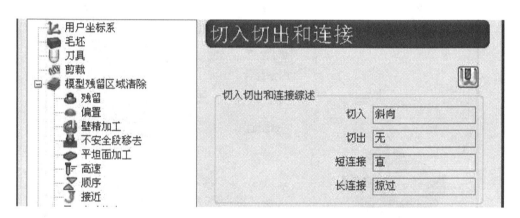

图 7-14 "切入切出和连接"选项的参数设置

图 7-15 刀路"B8BanJing"

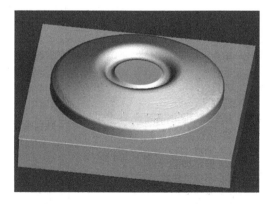

图 7-16 刀路"D204KaiCu"和
刀路"B8BanJing"的仿真结果

"快进高度"和"切入切出和连接"在"部分加工参数预设置"中已经进行了设置，一般情况下后面是不需要再重新设置的。第一个粗加工刀路因为是从毛坯开始加工的，去除加工余量是按等高的算法来规划刀路的。二次粗加工是基于残留毛坯来加工的，加工余量在每个地方是不一样的，所以会产生很多的跳刀，这种情况下，安全平面就不能设得过高，两段刀路之间的连接也尽量要短。

3. 型芯平面部分精加工刀具路径"D20PMJing"的生成

　　单击主工具栏"刀具路径策略"按钮🖱，系统弹出"策略选择器"对话框，单击"精加工"选项卡，选择"平行平坦面精加工"加工策略，再单击"策略选择器"对话框的"接受"按钮，系统弹出"平行平坦面精加工"对话框，修改"刀具路径名称"为"D20PMJing"，"平行平坦面精加工"的参数设置如图7-17所示。特别注意三个参数："公差"为0.01，"余量"为0.0，"行距"为18.0。单击"刀具"选项，系统弹出"刀具"参数设置对话框，选择加工刀具为"D20"（默认的是上一个刀路用的刀具，在本例中就是刀路"B8BanJing"用的刀具"B8"），如图7-18所示。单击"剪裁"选项，弹出"剪裁"参数设置对话框，"边界"选择"1"，如图7-19所示。其他选项不需要修改。单击"计算"按钮，系统开始计算刀路，计算结果如图7-20所示。

图 7-17　"平行平坦面精加工"加工策略对话框

图 7-18　"刀具"选项的参数设置

图 7-19　"剪裁"选项的参数设置

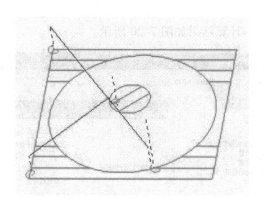

图 7-20　刀路"D20PMJing"

　　PowerMILL 加工策略对话框里的"用户坐标系"、"毛坯"、"刀具"及"剪裁"属于共享选项，如果不在对话框中设置，系统默认的就是用当前激活的参数。例如，如果用户没有建立用户坐标系，或者即使建立了用户坐标系但没有激活，那么系统默认的就是激活的 PowerMILL 世界坐标系。如果当前的刀路中没有重新设置用户坐标系，则当前刀路用的就是世界坐标系。所以这些参数的设置方法有两种：其一是在做刀路前首先激活要用的参数，比如先激活刀具"D20"，那么启动加工策略后对话框里就自动选择了"D20"作为加工的刀具。其二是直接在加工策略对话框里重新选择加工的刀具。两种方法效果是一样的，至于到底用哪种方法，可随个人习惯选择，没有优劣之分。

4. 型芯曲面部分精加工刀具路径"B8YPJing"的生成

右击刀具"B8",在弹出的快捷菜单中选择"激活"菜单项,使刀具"B8"作为下个刀路的默认刀具。右击边界"1",在弹出的快捷菜单中选择"激活"菜单项(该菜单项前面此时有钩"✔激活"),"激活"状态被取消。

单击主工具栏"刀具路径策略"按钮 ◉ ,系统弹出"策略选择器"对话框,单击"精加工"选项卡,选择"螺旋精加工"加工策略,单击"接受"按钮,系统弹出"螺旋精加工"对话框,在该对话框中,修改"刀具路径名称"为 B8YPJing,"螺旋精加工"的参数设置如图 7-21 所示。特别注意三个参数:"公差"为 0.01,"余量"为 0.0 和"行距"为0.1。单击"刀轴"选项,系统弹出"刀轴"参数设置对话框,单击"刀轴"按钮 ◪ ,系统弹出"刀轴"对话框,按图 7-22 所示设置刀轴参数。单击"快进高度"选项,系统弹出"快进高度"参数设置对话框,按图 7-23 所示设置参数。单击"切入切出和连接"选项,系统弹出该参数设置界面,按图 7-24 所示设置参数。其他参数采用默认值。单击"计算"按钮,系统开始计算刀路,计算结果如图 7-25 所示。

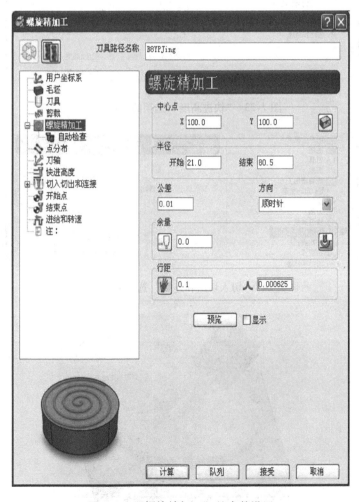

图 7-21 "螺旋精加工"的参数设置

图 7-22　"刀轴"选项的参数设置

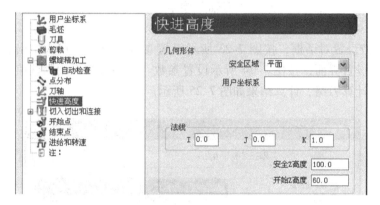

图 7-23　"快进高度"选项的参数设置

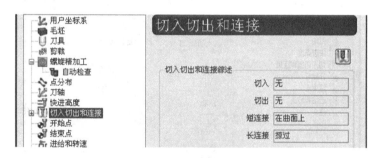

图 7-24　"切入切出和连接"选项的参数设置

图 7-25　刀路"B8YPJing"

本实例中，螺旋精加工策略参数设置中设置的行距是 0.1，读者要根据要加工的模具对精度的要求，合理设置行距。如果设置得过小，会大大增加程序量，但也不可以过大，大了则精度达不到要求。本书目的主要是介绍方法，程序不宜过长，读者实际做程序时可以把行距设置为 0.03。

5. 型芯凹环清根精加工刀具路径"B2QingGJing"的生成

右击刀具"B2"，在弹出的快捷菜单中选择"激活"菜单项，使刀具"B2"作为下个刀路的默认刀具。

单击主工具栏"刀具路径策略"按钮，系统弹出"策略选择器"对话框，单击"精加工"选项卡，选择"多笔清角精加工"加工策略，单击"接受"按钮，系统弹出"多笔清角精加工"对话框，修改"刀具路径名称"为 B2QingGJing，"多笔清角精加工"的参数设置如图 7-26 所示。特别注意三个参数："残留高度"为 0.01，"公差"为 0.01 和"余量"为 0.0。单击"多笔清角精加工"选项下的子选项"拐角探测"，其参数按图 7-27 所示设置。单击"刀轴"选项，如图 7-28 所示设置刀轴。单击"计算"按钮，系统开始计算刀路，计算结果如图 7-29 所示。

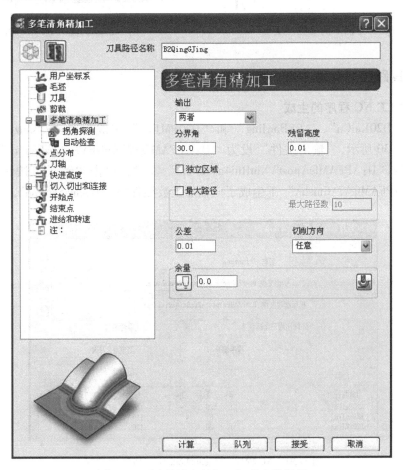

图 7-26 "多笔清角精加工"的参数设置

图 7-27 "拐角探测"的参数设置

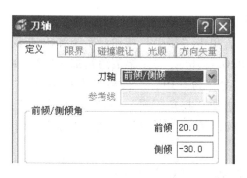

图 7-28 "刀轴"的参数设置

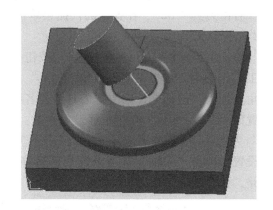

图 7-29 刀路"B2QingGJing"

7.2.3 刀具路径后处理生成 NC 程序

1. 三轴加工 NC 程序的生成

以刀路"D20KaiCu"、"B8BanJing"和"D20PMJing"组成程序"7- sanzhou",其后处理设置如图 7-30 所示,"输出文件"设为"D:\PFAMfg\7\finish\7- sanzhou. nc","机床选项文件"选择"D:\PFAMfg\post\XinRui4axial. opt"文件,单击"写入"按钮,系统就在文件夹"D:\PFAMfg\7\finish\"下生成了三轴加工数控程序"7- sanzhou. nc"。

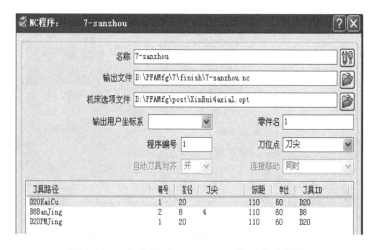

图 7-30 NC 程序"7- sanzhou. nc"后处理设置

2. 五轴加工 NC 程序的生成

五轴数控机床配置及坐标轴关系图同第 3 章。回转中心到 C 轴工作台面的距离是 69.608mm。

加工坐标系建立在 B 轴和 C 轴的交点上，本实例的毛坯为 200mm×200mm×57mm 冷作模具用钢，方料表面都加工到位，零件的设计坐标系在零件底面矩形的左下角。安装毛坯时，使方料的一条边与机床的 X 轴平行并且使底面中心在 C 轴工作台的回转轴线上，零件的底面紧贴 C 轴工作台。这样安装毛坯后，加工坐标系原点在设计坐标系的坐标为（100，100，-69.608）。

新建一用户坐标系"NCsys"，坐标原点在世界坐标系的位置为（100，100，-69.608），参见第 3 章刀路后处理部分。这个坐标系就是零件加工时的工件坐标系，就是出程序的坐标系。

以刀路"B8YPJing"和"B2QingGJing"组成五轴程序"7-wuzhou.nc"。"输出文件"设为"D：\PFAMfg\7\finish\7-wuzhou.nc"，其后处理设置如图 7-31 所示，"机床选项文件"选择"D：\PFAMfg\post\Sky5axtt.opt"文件，单击"写入"按钮，系统就在文件夹"D：\PFAMfg\7\finish\"下生成了五轴数控程序"7-wuzhou.nc"。

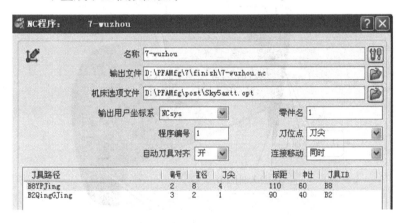

图 7-31　NC 程序"7-wuzhou.nc"后处理设置对话框

在文件夹"D：\PFAMfg\7\finish\"下保存文件名为"7-精密模具型芯加工"的工程。

第 8 章　精密叶片加工实例

8.1　精密叶片加工工艺分析

1. 零件加工特性分析

精密叶片是新开发的产品，叶片通过叶片根部的法兰与轮体连接。图 8-1 所示为精密叶片压力面（在本实例中称为叶片正面），叶片正面的顶部有一小部分是倒钩面（从平行于法兰底平面的方向看）。如果将法兰底平面与 X 轴垂直、与 Y 轴平行放置，则用三轴的加工方法是加工不了倒钩部分的。从叶片的结构看，法兰底平面是主要的基准面。

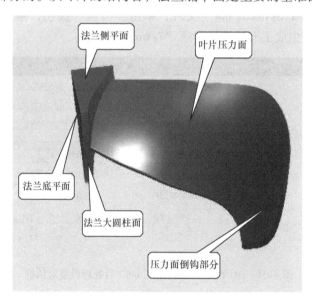

图 8-1　精密叶片压力面（叶片正面）

图 8-2 所示为精密叶片吸力面（在本实例中称为叶片反面），在叶片与法兰连接的部分有个特别明显的根部倒钩，三轴加工是无法加工的。除了正反两面的倒钩外，叶片尺寸比较大（最大长度为 240mm，最大宽度为 200mm，最大高度为 107mm），且叶片本身很薄（最厚处为 6mm，最薄处只有 1mm）。如果没有特别的加工方法，无论是三轴还是五轴机床都无法加工（叶片在加工过程中就会变形甚至断裂）。

图 8-3 所示为精密叶片法兰底部的尺寸，法兰有一个底平面、两个圆柱面（大圆柱面直径为 300mm，小圆柱面直径为 124mm，两圆柱面都垂直于底平面）、两个侧平面（两侧面之间的夹角为 25.714°，且都垂直于底平面）和一个与叶片相交的斜曲面。法兰底平面以及与底平面垂直的四个面（两个侧平面和两个圆柱面）都是装配面，有较高的加工精度要求。

图 8-4 所示为精密叶片装配后的状态，所有法兰底平面形成一个环面，所有法兰大圆柱面

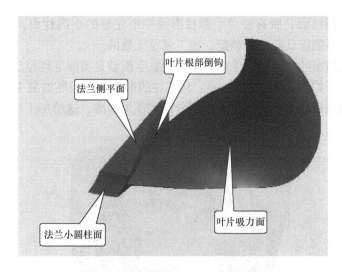

图 8-2　精密叶片吸力面（叶片反面）

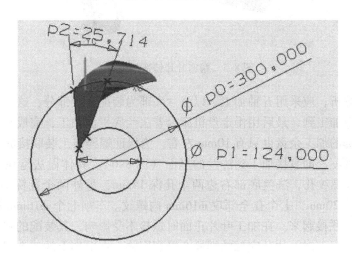

图 8-3　精密叶片法兰底部的尺寸

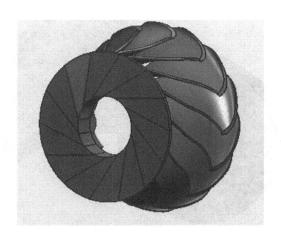

图 8-4　精密叶片装配后的状态

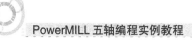

形成一个完整的大圆柱面，所有法兰小圆柱形成一个完整的小圆柱面，所有侧平面紧密配合，如果加工精度不能保证叶片的装配，加工就是无效的。

图 8-5 所示为精密叶片铸造的毛坯，毛坯的数字模型是实际毛坯经反求设计做出的，材料为黄铜，毛坯的平均加工余量为 10mm。从毛坯的形状看，毛坯的装夹比较困难，除了法兰底平面和侧平面可以作为基准外，其他部分很难作为基准，这给加工带来了不小难度。

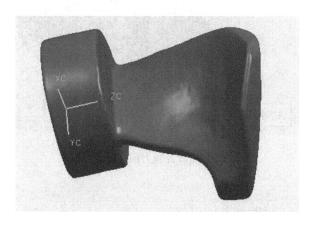

图 8-5　精密叶片铸造的毛坯

鉴于以上的分析，应采用五轴加工，以法兰底部为装配连接部分，这时除了法兰底部外其他加工面都可以加工到，最后用慢走丝机床沿着法兰底平面加工，完成整个叶片的加工。

由于法兰底部的加工余量也只有 10mm 左右，为保证螺栓与工装联接的强度和刚度，可以增加螺纹孔的深度，即直接加工到法兰的里面（图 8-6）。具体做法是在毛坯的底部加工七个直径为 16mm 螺纹孔，法兰底部右边两个孔深 15mm，另外两个孔深 18mm，不在法兰上的三个孔深可达 20mm，七个孔全部攻 φ16mm 内螺纹。车削七个 φ16mm 的黄铜螺栓，用螺栓把毛坯与工装联接起来。在加工叶片正面时螺栓不受影响，其装配的强度和刚度都能满足，但当加工叶片反面时，法兰底部的螺栓会受到影响。在毛坯上的三个螺栓会被当做毛坯

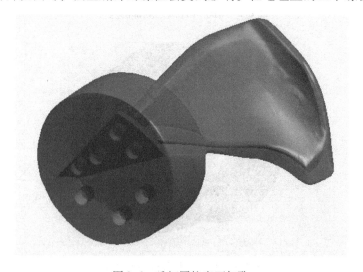

图 8-6　毛坯圆柱底面打孔

被切削掉，整个毛坯只有法兰底部的四个螺栓联接，所以在加工叶片反面时要做工装加强毛坯的支承。

> 叶片的毛坯是异形的，很难找一个普通的垫块来固定毛坯，即使垫也只能有一两个点是被垫到的，毛坯还是处在不稳定的状态下。法兰的所有侧面都要加工，且侧面是不能做支承，唯一的联接就是毛坯底部与工装的联接，所以此处联接就很关键。首先要在毛坯底部加工出一个平面，作为基准与工装连接，然后用与毛坯一样的材料做成的螺栓联接工装，把螺栓拧进法兰底部的螺纹孔，最后线切割时就把螺栓当零件一起切割出来，留在法兰里的螺栓就成为法兰的一部分了，只要保证法兰底部是一个光滑的平面即可。

在 CAD 软件中把叶片和工装做成一个整体，作为 PowerMILL 的"模型"。把法兰的底平面放在与该底平面垂直的方形底座上，方形底座与五轴机床的回转工作台连接，设计的"模型"如图 8-7 所示。方形底座的两个边分别与叶片原始设计坐标系的 X 轴、Y 轴平行。安装毛坯时要考虑与叶片之间的方位问题，即要保证叶片在毛坯的里面，否则就加工不出合格的叶片。毛坯和模型装配后的位置关系如图 8-8 所示，可以看到毛坯底平面到方形底座之间有足够的距离，防止刀具与方形底座干涉。

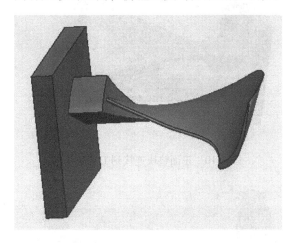

图 8-7　设计的"模型"

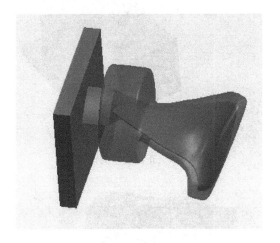

图 8-8　毛坯和模型装配后的位置关系

> 很多零件都是以方料或棒料作为毛坯加工出来的，毛坯的安装比较简单，零件的设计坐标系往往就是出刀路的坐标系。尤其是三轴加工，设计坐标系就是机床实际加工时的工件坐标系（G54～G59）。而五轴加工需要考虑摆长或回转工作台的回转半径，一般要重新建立工件坐标系。本实例零件不规则，不方便在零件本身建立坐标系，所以在工装上建立规则的长方体，这样可以方便后面建立设计刀路的坐标系。

鉴于该叶片及毛坯的特殊性,必须采用特殊的加工工艺。叶片加工的流程为:①叶片正面粗加工,加工余量为4mm(均匀)。②叶片正面装上垫块,加工叶片反面。③拆掉叶片正面的垫块,在反面装上垫块,加工叶片正面。

在正式加工叶片前,首先要加工出工装及垫块,实际工装的形状不一定要与"模型"里设计的工装一样,但底座部分要一样,因为设计刀路时要用到底座建立的刀路坐标系。

正面垫块的设计原则:把叶片正面的叶片面向外偏置的距离为4mm,作为裁减正面垫块上部实体的工具面。垫块的形状尽量保证在加工叶片反面时不发生干涉,正面垫块的设计如图8-9所示。把正面垫块连接到工装底座上,如图8-10所示。连接块的形状及连接方式没有限制,只要保证在加工叶片反面及相应的法兰侧面(一个斜平面和一个小圆柱面)时不干涉即可。

反面垫块设计的原则:直接利用叶片反面作为裁减反面垫块上部实体的工具面,垫块的形状尽量保证在加工叶片正面时不发生干涉,反面垫块的设计如图8-11所示。把反面垫块连接到工装底座上,如图8-12所示。同样,连接块的形状及连接方式没有限制,只要保证在加工叶片正面及相应的法兰侧面(一个斜平面和一个大圆柱面)时不干涉即可。

图 8-9　正面垫块的设计

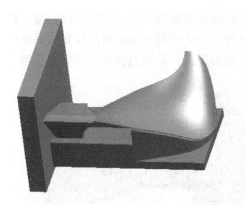

图 8-10　正面垫块连接到工装底座上

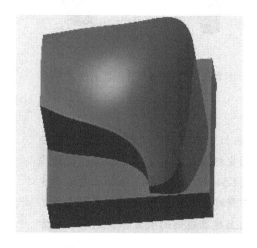

图 8-11　反面垫块的设计

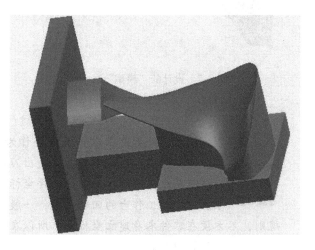

图 8-12　反面垫块连接到工装底座上

2. 编程要点分析

（1）正反面垫块加工 ①牛鼻刀三轴粗加工。②球头刀精加工垫块上表面。

（2）叶片加工 ①正面粗加工。②精加工到可以连接垫块到工装。③正面垫上垫块后，反面粗加工和半精加工，叶片精加工，法兰侧平面及大圆柱面的精加工，倒钩区再粗加工及精加工。④拆掉正面垫块，反面垫上垫块后，正面再粗加工和半精加工，叶片的精加工，法兰侧平面及小圆柱面的精加工，倒钩区的再粗加工及精加工。

3. 加工方案

（1）垫块的加工方案 垫块材料为铝，加工性能比较好，可以选择较大的进给速度。正反面垫块的加工方案见表8-1。

表8-1 正反面垫块的加工方案

序号	加工策略	刀具路径名	刀具名	步距 /mm	切削深度 /mm	余量 /mm
1	模型区域清除	ZhengDKB20R4KaiCu FanDKB20R4KaiCu	B20R4	10	0.5	0.2
2	曲面精加工	ZhengDKB10Jing FanDKB10Jing	B10	0.2		

（2）叶片的加工方案（表8-2）

表8-2 叶片的加工方案

序号	加工策略	刀具路径名	刀具名	步距 /mm	切削深度 /mm	余量 /mm
1	模型区域清除	1-ZB20R4KaiCuS4	B20R4	10	0.25	4
2	平行精加工	2-ZB10JingS4	B10	0.2		4
3	模型区域清除（残留）	3-FB20R4KaiCuS0.3	B20R4	10	0.25	0.3
4	模型区域清除（残留）	4-FB10BanJingS0.2	B10	0.25	0.25	0.2
5	平行精加工	5-FB10JingS0.0	B10	0.07		0
6	模型区域清除（残留）	6-FQGB10CuS0.1	B10	0.2	0.2	0.1
7	模型区域清除（残留）	7-FQGB6CuS0.1	B6	0.2	0.2	0.1
8	平行精加工	8-FB6QGJingS0.0	B6	0.03		0
9	曲面精加工	9-FD20FLPMJS0.0	D20	18		0
10	曲面精加工	10-FB10FLXYZMJS0.0	B10	0.03		0
11	模型区域清除（残留）	11-ZB20R4KaiCuS0.3	B20R4	10	0.25	0.3
12	模型区域清除（残留）	12-ZB10BanJingS0.2	B10	0.25	0.25	0.2
13	平行精加工	13-ZB10JingS0.0	B10	0.07		0
14	模型区域清除（残留）	14-ZB6DGMCuS0.1	B6	0.2	0.15	0.1
15	平行精加工	15-ZB10DGMJingS0.0	B6	0.03		0
16	曲面精加工	16-ZD20FLPMJS0.0	D20	18		0
17	曲面精加工	17-ZB10FLDYZMJS0.0	B10	0.03		0
18	多笔清角精加工	18-ZB6GBQGJing	B6	0.01		0

1）φ20mm 的牛鼻刀 B20R4，"模型区域清除"加工策略（余量为 4mm）正面粗加工。

2）φ10mm 的球头刀 B10，"平行精加工"加工策略（余量为 4mm）正面精加工。

3）φ20mm 的牛鼻刀 B20R4，"模型区域清除（残留）"加工策略反面粗加工。

4）φ10mm 的球头刀 B10，"模型区域清除（残留）"加工策略反面二次粗加工。

5）φ10mm 的球头刀 B10，"平行精加工"加工策略反面精加工。

6）φ10mm 的球头刀 B10，"模型区域清除（残留）"加工策略反面叶根倒钩区清根粗加工。

7）φ6mm 的球头刀 B6，"模型区域清除（残留）"加工策略反面叶根倒钩区清根二次粗加工。

8）φ6mm 的球头刀 B6，"平行精加工"加工策略反面叶根倒钩区清根精加工。

9）φ20mm 的端铣刀 D20，"曲面精加工"加工策略反面法兰侧平面精加工。

10）φ10mm 的球头刀 B10，"曲面精加工"加工策略反面法兰侧小圆柱面精加工。

11）φ20mm 的牛鼻刀 B20R4，"模型区域清除（残留）"加工策略正面粗加工。

12）φ10mm 的球头刀 B10，"模型区域清除（残留）"加工策略正面二次粗加工。

13）φ10mm 的球头刀 B10，"平行精加工"加工策略正面精加工。

14）φ6mm 的球头刀 B6，"模型区域清除（残留）"加工策略正面倒钩区粗加工。

15）φ6mm 的球头刀 B6，"平行精加工"加工策略正面倒钩区精加工。

16）φ20mm 的端铣刀 D20，"曲面精加工"加工策略正面法兰侧平面精加工。

17）φ10mm 的球头刀 B10，"曲面精加工"加工策略正面法兰侧大圆柱面精加工。

18）φ6mm 的球头刀 B6，"多笔清角精加工"加工策略正面叶片根部的清根精加工。

8.2 正反面垫块加工编程过程

8.2.1 编程准备

1. 启动 PowerMILL Pro 2010 调入加工零件模型

双击桌面上"PowerMILL Pro 2010"快捷图标，"PowerMILL Pro 2010"被启动。右击"模型"选项，在弹出的"模型"快捷菜单中选择"输入模型"菜单项，系统弹出"输入模型"对话框，把该对话框中"文件类型"选择为"IGES（∗.ig∗）"，然后选择正面垫块模型文件"D：\ PFAMfg \ 8 \ source \ zhengdiankuai \ zdiankuai. igs"，单击"打开"按钮，文件被调入，调入的正面垫块如图 8-13 所示。注意：设计坐标系原点在垫块的左边，不在垫块的几何中心上，并且 Z 轴与垫块的加工方向不一致，建立刀路前必须先建立刀路坐标系。

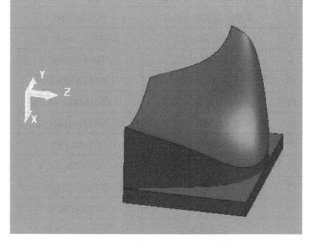

图 8-13　正面垫块

2. 建立毛坯

单击主工具栏上"毛坯"按钮 ，系统弹出"毛坯"对话框。在对话框中，"由...定义"后的下拉列表框选择"三角形"，"坐标系"选择"世界坐标系"，然后单击对话框右上角的"打开"按钮 ，系统弹出"通过三角形模型打开毛坯"对话框。"文件类型"选择"IGES（∗.ig∗）"，定位到"D:\PFAMfg\8\source\zhengdiankuai\ zblock.igs"文件，单击"打开"按钮，系统开始转换毛坯零件，转换结束后单击"接受"按钮，完成毛坯创建，如图 8-14 所示。

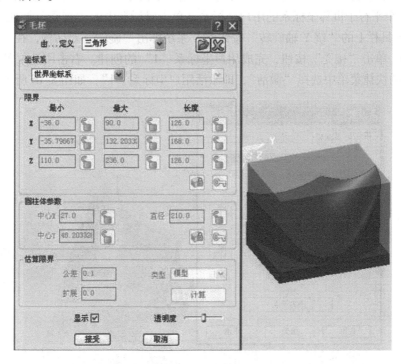

图 8-14　"毛坯"对话框及生成的毛坯

3. 创建刀具

（1）建立 φ20mm 牛鼻刀 B20R4　右击"刀具"选项，选择"产生刀具"→"刀尖圆角端铣刀"，系统弹出"端铣刀"对话框。在"刀尖"选项卡中，"直径"设置为20，"刀尖半径"设置为4，"长度"设置为70，"名称"设置为B20R4，"刀具编号"设置为1。在"刀柄"选项卡中，"顶部直径"和"底部直径"都设置为20，"长度"设置为70。在"夹持"选项卡中，"顶部直径"和"底部直径"都设置为50，"长度"设置为50，"伸出"长度设置为115，其他参数采用默认值（图 1-4）。

（2）建立 φ10mm 球头刀 B10　右击"刀具"选项，选择"产生刀具"→"球头刀"，系统弹出"球头刀"对话框。在"刀尖"选项卡中，"直径"设置为10，"长度"设置为50，"名称"设置为B10，"刀具编号"设置为2。在"刀柄"选项卡中，"顶部直径"和"底部直径"都设置为10，"长度"设置为50。在"夹持"选项卡中，"顶部直径"和"底部直径"都设置为50，"长度"设置为50，"伸出"长度设置为60，其他参数不修改。

右击刀具"B20R4"，在弹出的快捷菜单中选择"激活"，使刀具"B20R4"作为默认的加工刀具。

4. 建立用户坐标系

在 PowerMILL 资源管理器中右击"用户坐标系"选项，在弹出的"用户坐标系"快捷菜单中选择"产生用户坐标系"菜单项，系统弹出"用户坐标系编辑器"工具栏，"名称"就用默认值1，单击该工具栏上的"打开位置表格"按钮 ，系统弹出"位置"对话框，"Workspace"选择"世界坐标系"，移动鼠标到垫块底座左下角的角点，系统会在角点上显示一个星号" * "，并且显示一个文字串"关键点"作为提示，鼠标单击，系统以该角点为坐标系原点建立一个平行于世界坐标系的用户坐标系，单击对话框中的"接受"按钮如图 8-15 所示 。再单击工具栏上的"绕 Y 轴旋转"按钮 ，系统弹出"旋转"对话框，在"角度"文本框中输入 270，单击"接受"按钮，完成用户坐标系"1"的创建。右击刚建好的用户坐标系"1"，在弹出的快捷菜单中选择"激活"，即激活用户坐标系"1"，如图 8-16 所示。

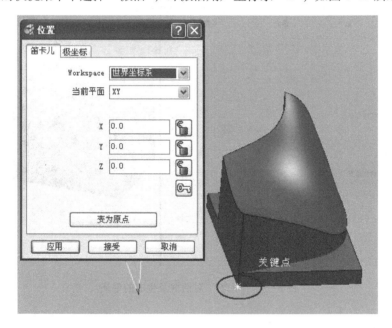

图 8-15 "位置"对话框及选择垫块底座的角点为坐标系原点

5. 部分加工参数预设置

（1）"进给和转速"参数设置 单击主工具栏"进给和转速"按钮 ，系统弹出"进给和转速"对话框，修改"切削条件"栏的参数有："主轴转速"为 6000.0r/min；"切削进给率"为 2000.0mm/min；"下切进给率"为 100.0mm/min；"掠过进给率"为 3000.0mm/min。其他参数采用默认值。垫块材料为铝，比较好加工，可以选择较大的进给速度。

（2）"快进高度"参数设置 单击主工具栏"快进高度"按钮 ，系统弹出"快进高度"对话框，按图 8-17 所示设置参数。特别提醒："用户坐标系"

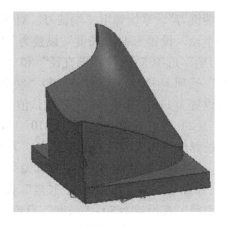

图 8-16 创建并激活的用户坐标系"1"

下拉列表框里的"1",表明是用前面建立的用户坐标系。单击"接受"按钮完成参数的设置。

（3）"开始点和结束点"参数设置 单击主工具栏"开始点和结束点"按钮，系统弹出"开始点和结束点"对话框。"开始点"选项卡中"使用"选择"第一点安全高度"，"结束点"选项卡中"使用"选择"最后一点安全高度"，其他参数采用默认值，单击"接受"按钮完成参数设置。

（4）"切入切出和连接"参数设置 单击主工具栏"切入切出和连接"按钮，系统弹出"切入切出和连接"对话框。单击"Z 高度"选项卡，"掠过距离"设为 5，"下切距离"设为 2。单击"切入"选项卡，"第一选择"选择"斜向"，单击"斜向选项…"按钮，在"斜向切入选项"对话框里"沿着"选择"圆形"，"圆圈直径"输入 0.5，"高度"输入 5，其他参数采用默认值，单击"接受"按钮完成"斜向切入选项"对话框的参数设置。单击"连接"选项卡，"长/短分界值"输入 50，"短"选择"圆形圆弧"，"长"选择"掠过"，"缺省"选择"掠过"，其他参数不需要修改。单击"接受"按钮，完成"切入切出和连接"的参数设置，如图 8-18 所示。

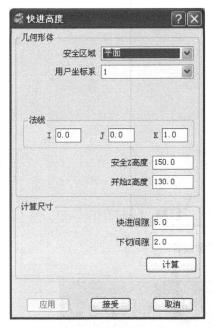

图 8-17 "快进高度"对话框

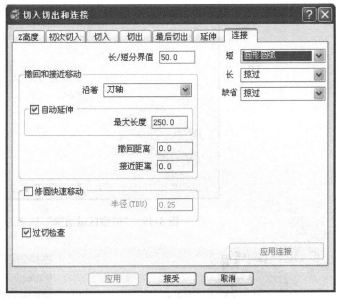

图 8-18 "连接"选项卡的参数设置

8.2.2 刀具路径的生成

1. 正面垫块粗加工刀具路径"ZhengDKB20R4KaiCu"的生成

单击主工具栏"刀具路径策略"按钮，系统弹出"策略选择器"对话框，单击"三维区域清除"选项卡，在"三维区域清除"选项卡中选择"模型区域清除"加工策略，再单击"策略选择器"对话框的"接受"按钮，系统弹出"模型区域清除"对话框，修改"刀具路径名称"为 ZhengDKB20R4KaiCu，"模型区域清除"选项的参数设置如图 8-19 所示。

特别注意几个参数："公差"为0.1，"余量"为0.2，"行距"为10.0，"下切步距"选择
"自动"并输入0.5。单击"计算"按钮，系统开始计算刀具路径，计算结果得到图8-20所示
的刀具路径。最后单击"取消"按钮完成刀具路径的生成，其三维仿真结果如图8-21所示。

图 8-19　"模型区域清除"选项的参数设置

图 8-20　刀路"ZhengDKB20R4KaiCu"

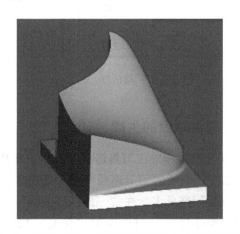

图 8-21　刀路"ZhengDKB20R4KaiCu"三维仿真结果

2. 正面垫块上表面精加工刀具路径"ZhengDKB10Jing"的生成

右击刀具"B10",在弹出的快捷菜单中选择"激活"菜单项,使刀具"B10"作为下一个刀路的默认刀具。

单击主工具栏"刀具路径策略"按钮 ,系统弹出"策略选择器"对话框,单击"精加工"选项卡,选择"曲面精加工"加工策略,单击"接受"按钮,系统弹出"曲面精加工"对话框,修改"刀具路径名称"为 ZhengDKB10Jing,"曲面精加工"选项的参数设置如图 8-22 所示。特别注意三个参数:"公差"为 0.01,"余量"为 0.0,"Stepover"为 0.2。

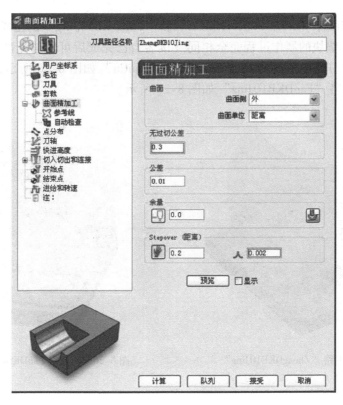

图 8-22 "曲面精加工"选项的参数设置

单击"曲面精加工"下的子选项"参考线",按图 8-23 所示设置"参考线"的参数。单击"切入切出和连接"选项,按图 8-24 所示设置参数。其他参数采用默认值。单击"计算"按钮,系统开始计算刀路,计算结果如图 8-25 所示。

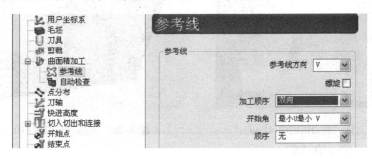

图 8-23 "参考线"的参数设置

图 8-24 "切入切出和连接"的参数设置

3. 反面垫块刀路"FanDKB20R4KaiCu"和"FanDKB10Jing"的生成

其过程与正面垫块的制作过程完全相同（读者自己完成后可以与光盘"8-反面垫块加工"项目比较一下），生成的刀路"FanDKB20R4KaiCu"如图 8-26 所示，其三维仿真如图 8-27 所示，刀路"FanDKB10Jing"如图 8-28 所示。

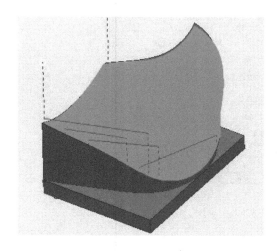

图 8-25　刀路"ZhengDKB10Jing"　　　　图 8-26　刀路"FanDKB20R4KaiCu"

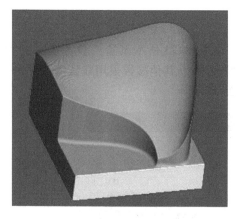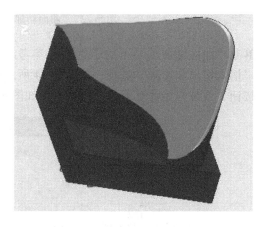

图 8-27　刀路"FanDKB20R4KaiCu"　　　　图 8-28　刀路"FanDKB10Jing"
　　　　三维仿真结果

8.2.3　刀具路径后处理生成 NC 程序

1. 正面垫块加工 NC 程序的生成

以刀路 "ZhengDKB20R4KaiCu" 和刀路 "ZhengDKB10Jing" 组成程序 "8-zhengdiankuai"，其后处理设置如图 8-29 所示，"输出文件" 设为 "D:\PFAMfg\8\finish\8-zhengdiankuai. nc"，"机床选项文件" 选择 "D:\PFAMfg\post\XinRui4axial. opt" 文件，单击 "写入" 按钮，系统就在文件夹 "D:\PFAMfg\8\finish\" 下生成了正面垫块三轴加工数控程序 "8-zhengdiankuai. nc"。

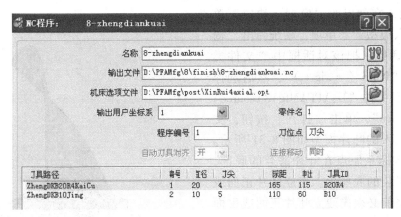

图 8-29　NC 程序 "8-zhengdiankuai. nc" 后处理设置

在文件夹 "D:\PFAMfg\8\finish\" 下保存以文件名为 "8-正面垫块加工" 的工程。

2. 反面垫块加工 NC 程序的生成

以刀路 "FanDKB20R4KaiCu" 和刀路 "FanDKB10Jing" 组成程序 "8-fandiankuai"，其后处理设置如图 8-30 所示，"输出文件" 设为 "D:\PFAMfg\8\finish\8-fandiankuai. nc"，"机床选项文件" 选择 "D:\PFAMfg\post\ XinRui4axial. opt" 文件，单击 "写入" 按钮，系统就在文件夹 "D:\ PFAMfg\8\finish\" 下生成了反面垫块三轴加工数控程序 "8-fandiankuai. nc"。

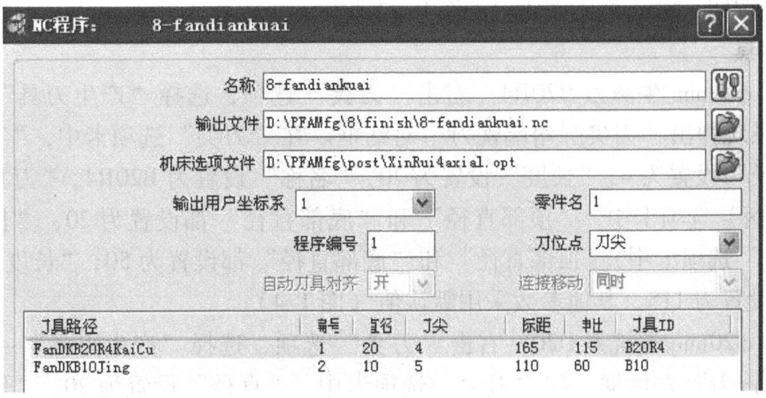

图 8-30　NC 程序 "8-fandiankuai. nc" 后处理设置

在文件夹"D:\PFAMfg\8\finish\"下保存以文件名为"8-反面垫块加工"的工程。

8.3 叶片加工编程过程

8.3.1 编程准备

1. 启动 PowerMILL Pro 2010 调入加工零件模型

双击桌面上"PowerMILL Pro 2010"快捷图标,"PowerMILL Pro 2010"被启动。右击"模型"选项,在弹出的"模型"快捷菜单中选择"输入模型"菜单项,系统弹出"输入模型"对话框,把该对话框中"文件类型"选择为"IGES(＊.ig＊)",然后选择精密叶片模型文件"D:\PFAMfg\8\source\lingjian\work.igs",单击"打开"按钮,文件被调入,调入的叶片模型如图 8-31 所示。注意:设计坐标系原点在叶片法兰的底部,坐标系不在工装的底座上。建立叶片正面或反面加工刀路前必须先建立叶片正面或反面的加工坐标系。

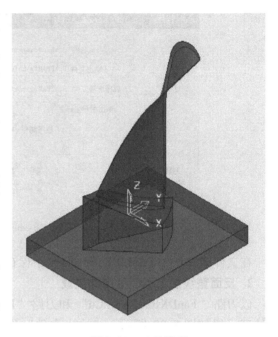

图 8-31 叶片模型

2. 建立毛坯

单击主工具栏上"毛坯"按钮 ,系统弹出"毛坯"对话框,"由...定义"后的下拉列表框选择"三角形","坐标系"选择"世界坐标系",然后单击对话框右上角的"打开"按钮 ,系统弹出"通过三角形模型打开毛坯"对话框,"文件类型"选择"IGES(＊.ig＊)",定位到"D:\PFAMfg\8\source\lingjian\block.igs"文件,单击"打开"按钮,系统开始转换毛坯零件,转换结束后单击"接受"按钮,完成毛坯创建,如图 8-32 所示。

3. 创建刀具

(1)建立 φ20mm 牛鼻刀 B20R4 右击"刀具"选项,选择"产生刀具"→"刀尖圆角端铣刀",系统弹出"刀尖圆角端铣刀"对话框。在"刀尖"选项卡中,"直径"设置为20,"刀尖半径"设置为4,"长度"设置为70,"名称"设置为 B20R4,"刀具编号"设置为1。在"刀柄"选项卡中,"顶部直径"和"底部直径"都设置为20,"长度"设置为70。在"夹持"选项卡中,"顶部直径"和"底部直径"都设置为50,"长度"设置为50,"伸出"长度设置为115,其他参数采用默认值(图1-4)。

(2)建立 φ20mm 端铣刀 D20 右击"刀具"选项,选择"产生刀具"→"端铣刀",系统弹出"端铣刀"对话框。在"刀尖"选项卡中,"直径"设置为20,"长度"设置为70,"名称"设置为 D20,"刀具编号"设置为2。在"刀柄"选项卡中,"顶部直径"和"底部直径"都设置为20,"长度"设置为70。在"夹持"选项卡中,"顶部直径"和"底

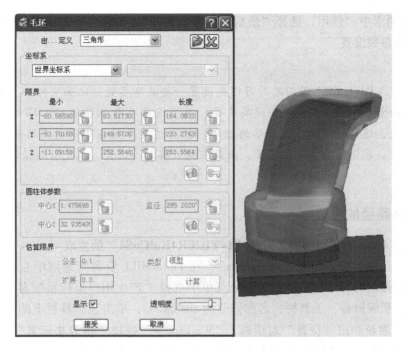

图 8-32 "毛坯"对话框及生成的毛坯

部直径"都设置为 50,"长度"设置为 50,"伸出"长度设置为 100。其他参数不修改。

（3）建立 φ10mm 球头刀 B10 右击"刀具"选项,选择"产生刀具"→"球头刀",系统弹出"球头刀"对话框。在"刀尖"选项卡中,"直径"设置为 10,"长度"设置为 50,"名称"设置为 B10,"刀具编号"设置为 3。在"刀柄"选项卡中,"顶部直径"和"底部直径"都设置为 10,"长度"设置为 50。在"夹持"选项卡中,"顶部直径"和"底部直径"都设置为 50,"长度"设置为 50,"伸出"长度设置为 90。其他参数不修改。

（4）建立 φ6mm 球头刀 B6 右击"刀具"选项,选择"产生刀具"→"球头刀",系统弹出"球头刀"对话框。在"刀尖"选项卡中,"直径"设置为 6,"长度"设置为 30,"名称"设置为 B6,"刀具编号"设置为 4。在"刀柄"选项卡中,"顶部直径"和"底部直径"都设置为 12,"长度"设置为 80。在"夹持"选项卡中,"顶部直径"和"底部直径"都设置为 50,"长度"设置为 50,"伸出"长度设置为 90。其他参数不修改。

右击刀具"B20R4",在弹出的快捷菜单中选择"激活",使刀具"B20R4"作为默认的加工刀具。

4. 部分加工参数预设置

（1）"进给和转速"参数设置 单击主工具栏"进给和转速"按钮🔧,系统弹出"进给和转速"对话框,修改"切削条件"栏的参数有:"主轴转速"为 14000.0r/min;"切削进给率"为 2000.0mm/min;"下切进给率"为 200.0mm/min;"掠过进给率"为 3000.0mm/min。其他参数采用默认值。特别注意,主轴转速是 14000.0r/min,考虑整个叶片的尺寸和厚度,采用薄层（切削深度为 0.25mm）高速铣（14000.0r/min）。

（2）"开始点和结束点"参数设置 单击主工具栏"开始点和结束点"按钮🔧,系统弹出"开始点和结束点"对话框,"开始点"选项卡中"使用"选择"第一点安全高度",

"结束点"选项卡中"使用"选择"最后一点安全高度",其他参数采用默认值。单击"接受"按钮完成参数设置。

> PowerMILL 做刀路时习惯先设置一些共享参数,比如坐标系、毛坯、进给量和转速、刀具、快进高度等,因为这些参数往往不随刀路的不同而改变,这样可以提高做刀路的效率。但当这些参数在不同的刀路中需要修改时,就不需要事先设置了,而是在做刀路时再设置,以免引起错误的设置。

8.3.2　刀具路径的生成

1. 余量为 4mm 的正面粗加工刀路"1-ZB20R4KaiCuS4"的生成

（1）建立正面刀路坐标系"zhengCsys"　在 PowerMILL 资源管理器中右击"用户坐标系"选项,在弹出的"用户坐标系"快捷菜单中选择"产生用户坐标系"菜单项,系统弹出"用户坐标系编辑器"工具栏,名称修改为 zhengCsys,单击该工具栏上的"打开位置表格"按钮 ,系统弹出"位置"对话框,"Workspace"选择"世界坐标系",移动鼠标到叶片工装底座的角点,系统会在角点上显示一个星号"*",并且显示一个文字串"关键点"作为提示,单击鼠标,系统以该角点为坐标系原点建立了一个平行于世界坐标系的用户坐标系,如图 8-33 所示。单击对话框中的"接受"按钮,再单击工具栏上的"绕 Y 轴旋转"按钮 ,系统弹出"旋转"对话框,在"角度"文本框中输入 90,单击"接受"按钮。再单击"绕 Z 轴旋转"按钮 ,系统弹出"旋转"对话框,在"角度"文本框中输入 180,单击"接受"按钮,完成正面刀路用户坐标系"zhengCsys"的创建。右击刚建好的用户坐标系"zhengCsys",在弹出的快捷菜单中选择"激活",即激活用户坐标系"zhengCsys",如图 8-34 所示。

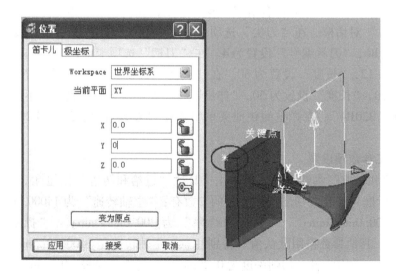

图 8-33　"位置"对话框及选择叶片工装底座的角点为坐标系原点

（2）创建刀路"1-ZB20R4KaiCuS4" 单击
主工具栏"刀具路径策略"按钮，系统弹出
"策略选择器"对话框，单击"三维区域清除"
选项卡，"模型区域清除"加工策略，再单击
"策略选择器"对话框的"接受"按钮，系统弹
出"模型区域清除"对话框，修改"刀具路径
名称"为"1-ZB20R4KaiCuS4"，"模型区域清
除"选项的参数设置如图 8-35 所示。特别注意
几个参数："余量"为 4，行距为 10.0，"下切
步距"选择"自动"并输入 0.25。单击对话框
浏览器"快进高度"选项，按图 8-36 所示设置
参数（特别注意，"用户坐标系"选择

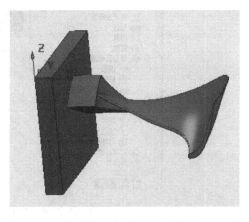

图 8-34　建立的正面刀路坐标系"zhengCsys"

"zhengCsys"）。单击对话框浏览器"切入切出和连接"选项，按图 8-37 所示设置参数。其他参数不需要修改。单击"计算"按钮，系统开始计算刀具路径，计算结果得到图 8-38 所示的刀具路径，最后单击"取消"按钮完成刀路的生成。

图 8-35　"模型区域清除"的参数设置

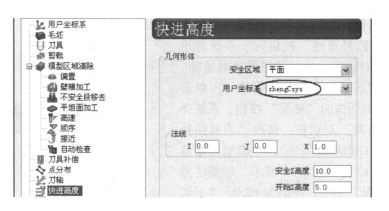

图 8-36 "快进高度"选项参数设置

图 8-37 "切入切出和连接"选项参数设置

右击 PowerMILL 资源管理器中"残留模型"选项,在弹出的快捷菜单中选择"产生残留模型"菜单项,系统在"残留模型"选项下生成一个名为"1"的残留模型。右击残留模型"1",在弹出的快捷菜单中选择"应用"菜单下的子菜单项"毛坯",在残留模型"1"里就有了毛坯,再右击残留模型"1"并选择"应用"下子菜单项"激活刀具路径在后",刀路"1-2B20R4KaiCuS4"被加到残留模型中。再次右击残留模型"1",在弹出的快捷菜单中选择"计算"菜单项,系统开始计算残留模型(所谓残留模型就是毛坯减去刀路"1-ZB20R4KaiCuS4"在空间形成的体积),计算结果如图 8-39 所示(阴影显示)。

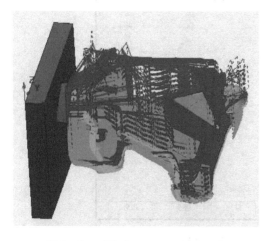

图 8-38 刀路"1-ZB20R4KaiCuS4"

图 8-39 残留模型"1"

右击刀具"B10"，在弹出的快捷菜单中选择"激活"，使刀具"B10"作为下个刀路默认的加工刀具。

2. 余量为 4mm 的正面精加工刀路"2-ZB10JingS4"的生成

（1）建立边界"finebry"　右击 PowerMILL 资源管理器中"边界"选项，在弹出的"边界"快捷菜单中选择"定义边界"菜单项下的子菜单项"用户定义边界"，系统弹出"用户定义边界"对话框（图 3-4），在对话框中单击"插入文件"按钮，系统弹出"打开边界"对话框，如图 8-40 所示。"查找范围"定位到"D:\PFAMfg\8\source\lingjian"文件夹，"文件类型"选择为"IGES（*.ig*）"，然后选择"finebry.igs"文件，单击对话框的"打开"按钮，在 CAD 中设置的边界曲线被调入 PowerMILL 里作为边界，如图 8-41 所示。该边界的设计原则是从正面正向投影看最大的叶片边界再向外偏置的距离为 4.0mm（为了保证精加工既能加工到叶片的最边缘，又不会使刀路在 Z 轴负方向过低而使刀具和工件发生碰撞）。

图 8-40　"打开边界"对话框

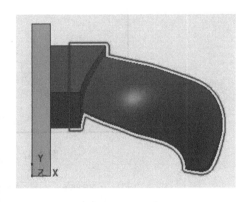

图 8-41　边界"finebry"

（2）创建刀路"2-ZB10JingS4"　单击主工具栏"刀具路径策略"按钮，系统弹出"策略选择器"对话框，单击"精加工"选项卡，选择"平行精加工"加工策略，单击"接受"按钮，系统弹出"平行精加工"对话框，修改"刀具路径名称"为 2-ZB10JingS4，"平行精加工"的参数设置如图 8-42 所示。特别注意五个参数："角度"为 45.0，"Style"选择"双向"，"公差"为 0.1，"余量"为 4.0，"行距"为 0.2）。单击对话框浏览器"切入切出和连接"选项，按图 8-43 所示设置参数。其他参数不用修改。单击"计算"按钮，系统开始计算刀路，计算结果如图 8-44 所示。单击"取消"按钮，完成刀路的创建。

3. 反面粗加工刀路"3-FB20R4KaiCuS0.3"的生成

经过上面的粗加工和精加工，正面在留有 4mm 余量的情况下已经加工到位，可以在正面安装垫块并连接到叶片模型工装（图 8-10）上。以下的加工就是在正面固定了垫块的情况下来加工反面。由于正面垫块的存在，反面加工时刚度是没有任何问题的，这样才能保证在整个反面加工过程中工件不会变形。取消边界"finebry"的"激活"状态。

（1）建立反面刀路坐标系"fanCsys"　在叶片模型反面工装底座的角点上建立一坐标系"fanCsys"，如图 8-45 所示（其建立过程与正面刀路坐标系"zhengCsys"类似，读者自己完成）。激活坐标系"fanCsys"。

PowerMILL 五轴编程实例教程

图 8-42 "平行精加工"的参数设置

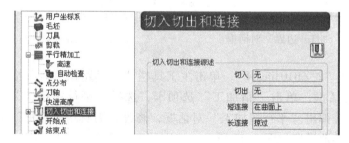

图 8-43 "切入切出和连接"的参数设置

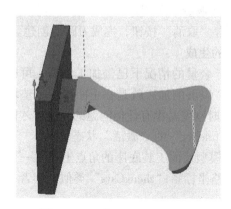

图 8-44 刀路 "2-ZB10JingS4"

图 8-45 反面刀路坐标系 "fanCsys"

128

（2）建立刀路"3-FB20R4KaiCuS0.3" 单击主工具栏"刀具路径策略"按钮🕮，系统弹出"策略选择器"对话框，单击"三维区域清除"选项卡，选择"模型区域清除"加工策略，再单击"策略选择器"对话框的"接受"按钮，系统弹出"模型区域清除"对话框，修改"刀具路径名称"为"3-FB20R4KaiCuS0.3"，"模型区域清除"选项的参数设置如图 8-46 所示。特别注意几个参数："余量"为 0.3，"行距"为 10.0，"下切步距"选择"自动"并输入 0.25。在"残留加工"前的复选框里打钩，对话框标题立即变成"模型残留区域清除"，浏览器里的"模型区域清除"的名字也变成了"模型残留区域清除"，并且多了个"残留"选项，如图 8-46 所示。单击"残留"选项，在"残留加工"下的下拉列表框里选择"残留模型"，在右边的下拉列表框里选择残留模型"1"，如图 8-47 所示。单击对话框浏览器"快进高度"选项，按图 8-48 所示设置参数（特别注意，"用户坐标系"选择"fanCsys"）。单击对话框浏览器"切入切出和连接"选项，按图 8-49 所示设置参数。其他参数不需要修改。单击"计算"按钮，系统开始计算刀具路径，计算结果得到图 8-50 所示的刀具路径，最后单击"取消"按钮完成刀路的生成。

图 8-46 "模型残留区域清除"对话框

图 8-47 "残留"的参数设置

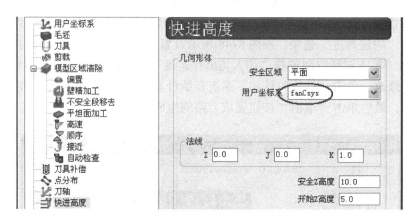

图 8-48 "快进高度"选项的参数设置

图 8-49 "切入切出和连接"选项的参数设置

右击残留模型"1"，在弹出的快捷菜单中选择"编辑"菜单项下的子菜单项"复制残留模型"，在"残留模型"选项下就自动生成了一个与残留模型"1"完全一样的残留模型"1_1"。右击残留模型"1_1"，在弹出的快捷菜单中选择"重新命名"，修改"1_1"为"2"。右击残留模型"2"，在弹出的快捷菜单中选择"应用"菜单项下的子菜单项"激活刀路路径在后"。再右击残留模型"2"，在弹出的快捷菜单中选择"计算"，系统开始计算加入刀路"3-FB20R4KaiCuS0.3"后的残留模型，计算结果如图 8-51 所示。

4. 反面二次粗加工刀路"4-FB10BanJingS0.2"的生成

右击刀具"B10"，在弹出的快捷菜单中选择"激活"，使刀具"B10"作为下个刀路默认的加工刀具。

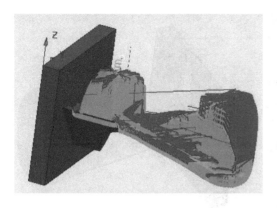

图 8-50 刀路 "3- FB20R4KaiCuS0. 3"

图 8-51 残留模型 "2"

单击主工具栏"刀具路径策略"按钮 ，系统弹出"策略选择器"对话框，单击"三维区域清除"选项卡，选择"模型区域清除"加工策略，再单击"策略选择器"对话框的"接受"按钮，系统弹出"模型区域清除"对话框，修改"刀具路径名称"为 4- FB10BanJingS0. 2，在"残留加工"前的复选框里打钩，"模型残留区域清除"选项的参数设置如图 8-52 所示。特别注意几个参数："余量"为 0.2，"行距"为 0.25，"下切步距"选择"自动"并输入0.25。单击"残留"选项，"方式"选择"残留模型"，"残留模型"选择"2"，其他参数不需要修改，单击"计算"按钮，系统开始计算刀路，计算结果如图 8-53 所示。

图 8-52 "模型残留区域清除"选项的参数设置

右击残留模型"2",在弹出的快捷菜单中选择"编辑"菜单项下的子菜单项"复制残留模型",在"残留模型"选项下就自动生成了一个与残留模型"2"完全一样的残留模型"2_1"。右击残留模型"2_1",在弹出的快捷菜单中选择"重新命名",修改"2_1"为"3"。右击残留模型"3",在弹出的快捷菜单中选择"应用"菜单项下的子菜单项"激活刀路路径在后",右击残留模型"3",在弹出的快捷菜单中选择"计算",系统开始计算加入刀路"4-FB10BanJingS0.2"后的残留模型,计算结果留待后面应用。

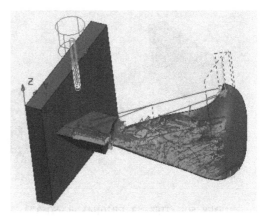

图 8-53 刀路"4-FB10BanJingS0.2"

5. 反面精加工刀路"5-FB10JingS0.0"的生成

单击主工具栏"刀具路径策略"按钮 ，系统弹出"策略选择器"对话框,单击"精加工"选项卡,选择"平行精加工"加工策略,单击"接受"按钮,系统弹出"平行精加工"对话框,修改"刀具路径名称"为5-FB10JingS0.0,"平行精加工"选项的参数设置如图 8-54 所示。特别注意五个参数:"角度"为 142.0,"Style"选择"双向","公差"为0.01,"余量"为 0.0,"行距"为 0.07。单击"剪裁"选项,"边界"选择"finebry",如图 8-55 所示。单击"刀轴"选项,按图 8-56 所示设置参数。单击对话框浏览器"切入切出和连接"选项,按图 8-57 所示设置参数。其他参数不用修改。单击"计算"按钮,系统开始计算刀路,计算结果如图 8-58 所示,单击"取消"按钮,完成刀路的创建。刀路创建完成后不代表这个刀路就是好的,可能会存在缺陷,如刀柄碰撞或者过切,这时就必须修改刀路参数或者编辑该刀路,使其没有缺陷。特别是五轴加工,因为刀轴的方向是随时变化的,所以刀路完成后更要检查该刀路会不会发生刀具与工件碰撞的情况。

仔细检查刀路"5-FB10JingS0.0",发现有一处刀路离开零件很远(把刀路放大,如图8-59 所示),这部分刀路显然是不合理的,需要修剪。右击刀路"5-FB10JingS0.0",在弹出的快捷菜单中选择"编辑"菜单项下的子菜单项"剪裁…",系统弹出"刀具路径剪裁"对话框,如图 8-60 所示。"按…剪裁"选择"多边形","删除原始"右边复选框里打钩,"保存"选择"外部",然后在不合理的刀路部分任意画出一个多边形,如图 8-61 所示,把要删除的不合理刀路包含在这个多边形里,在对话框里单击"应用"按钮,多边形里不合理的刀路就被裁剪掉了,裁剪结果如图 8-62 所示。系统删除了原始的刀路"5-FB10JingS0.0",生成一个新的裁剪后的刀路"5-FB10JingS0.0_1",再把刀路名称改回到"5-FB10JingS0.0",至此反面精加工刀路完成。

右击残留模型"3",在弹出的快捷菜单中选择"编辑"菜单项下的子菜单项"复制残留模型",在"残留模型"选项下就自动生成了一个与残留模型"3"完全一样的残留模型"3_1"。右击残留模型"3_1",在弹出的快捷菜单中选择"重新命名",修改名称"3_1"为"4"。右击残留模型"4",在弹出的快捷菜单中选择"应用"菜单项下的子菜单项"激活刀路路径在后",再右击残留模型"4",在弹出的快捷菜单中选择"计算",系统开始计算加入刀路"5-FB10JingS0.0"后的残留模型,计算结果留待后面应用。

图 8-54 "平行精加工"选项的参数设置

图 8-55 "剪裁"选项的参数设置

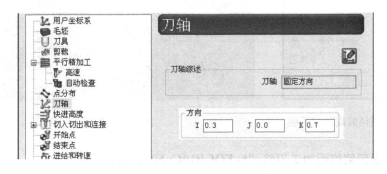

图 8-56 "刀轴"选项的参数设置

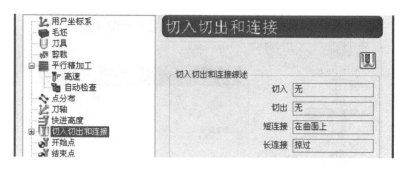

图 8-57 "切入切出和连接"选项的参数设置

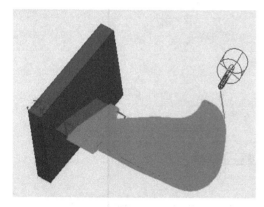

图 8-58 刀路"5-FB10JingS0.0"

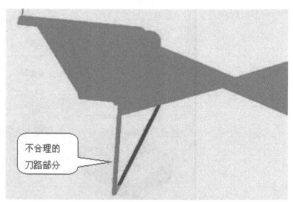

图 8-59 不合理的边界拐角引起的不合理的刀路

图 8-60 "刀具路径剪裁"对话框

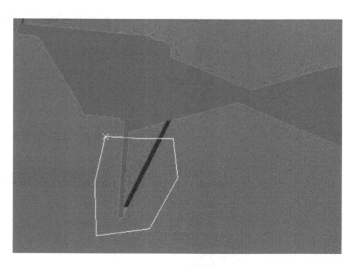

图 8-61 "剪裁"多边形

6. 反面叶根部倒钩粗加工刀路"6-FQGB10CuS0.1"的生成

（1）建立反面倒钩刀路坐标系"FDGCsys" 在 PowerMILL 资源管理器中右击"用户坐标系"选项，在弹出的"用户坐标系"快捷菜单中选择"产生用户坐标系"菜单项，系统

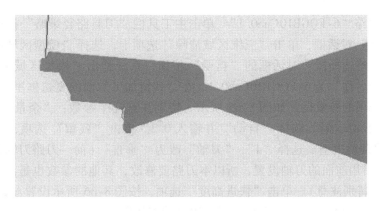

图 8-62　裁剪掉不合理刀路部分后的刀路

弹出"用户坐标系编辑器"工具栏,"名称"修改为 FDGCsys,单击工具栏上的"绕 Y 轴旋转"按钮,系统弹出"旋转"对话框,在"角度"的文本框中输入 40.0,单击"接受"按钮,在工具栏单击"确定"按钮,完成坐标系"FDGCsys"的创建。注意,当前激活的坐标系是"fanCsys",也就是说倒钩刀路坐标系"FDGCsys"是反面坐标系"fanCsys"绕 Y 轴旋转 40°形成的。激活倒钩坐标系"FDGCsys"。

(2)建立反面倒钩区加工的边界"FDGBry"　倒钩区边界的建立原则为必须把倒钩区包含在里面,并且尽量小,这样可以减少计算时间,因为所有的粗加工操作都是基于残留毛坯的(即 PowerMILL 里的残留模型),所以每次计算都是在边界范围内用残留毛坯与零件作减法,以去除残留毛坯上多出零件的部分。如果不作有效的边界,系统就以整个零件和整个残留毛坯作为计算刀路的依据,这样计算时间会很长。如图 8-63 所示,以法兰与叶片相交的曲面为基础,选取它以生成边界,然后把它沿着 X 方向移动 20mm 后复制。用边界编辑工具把图 8-63 所示的边线留下,剪掉其余的部分。对复制出来的边界也作同样的裁剪,再把这两段线段连接起来,完成的边界"FDGBry"如图 8-64 所示。

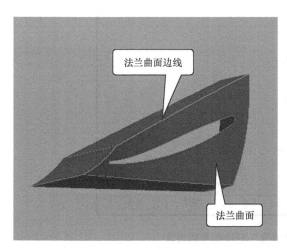

图 8-63　法兰曲面与曲面边线

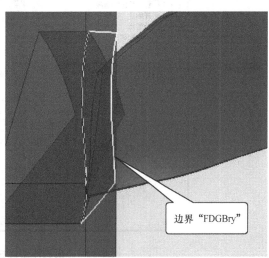

图 8-64　边界"FDGBry"

135

（3）创建刀路"6-FQGB10CuS0.1" 单击主工具栏"刀具路径策略"按钮 ，系统弹出"策略选择器"对话框，单击"三维区域清除"选项卡，选择"模型区域清除"加工策略，再单击"策略选择器"对话框的"接受"按钮，系统弹出"模型区域清除"对话框，修改"刀具路径名称"为6-FQGB10CuS0.1，在"残留加工"前的复选框里打钩，"模型残留区域清除"选项的参数设置如图8-65所示。特别注意几个参数："余量"为0.1，"行距"为0.2，"下切步距"选择"自动"并输入0.2。单击"残留"选项，"方式"选择"残留模型"，"残留模型"选择"4"，"刀轴"改为"垂直"（前一刀路刀轴设置为"固定方向"，系统会沿用前面的刀轴设置，所以本刀路要修改，其他的参数也是沿用上个刀路的参数值，此处要特别注意）。单击"快进高度"选项，按图8-66所示设置参数，特别注意，"用户坐标系"为"FDGCsys"。单击"切入切出和连接"选项，按图8-67所示设置参数，其他参数不需要修改。单击"计算"按钮，系统开始计算刀路，计算结果如图8-68所示，单击"取消"按钮完成刀路的创建。

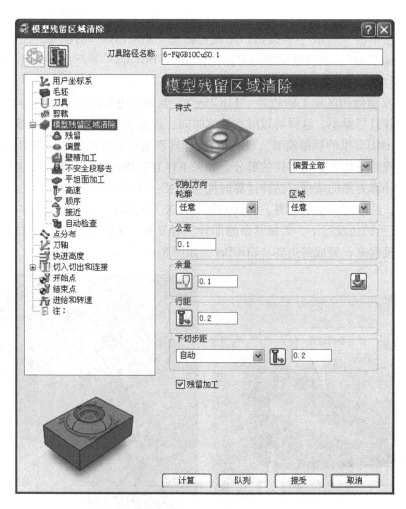

图8-65 "模型残留区域清除"选项的参数设置

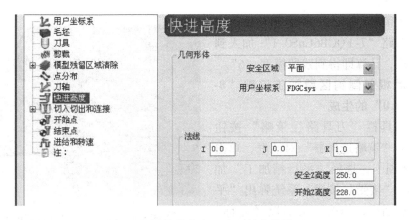

图 8-66 "快进高度"选项的参数设置

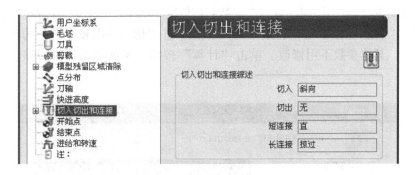

图 8-67 "切入切出和连接"选项的参数设置

右击残留模型"4",在弹出的快捷菜单中选择"编辑"菜单项下的子菜单项"复制残留模型",在"残留模型"选项下就自动生成了一个与残留模型"4"完全一样的残留模型"4_1"。右击残留模型"4_1",在弹出的快捷菜单中选择"重新命名",修改"4_1"为"5"。右击残留模型"5",在弹出的快捷菜单中选择"应用"菜单项下的子菜单项"激活刀路路径在后"。右击残留模型"5",在弹出的快捷菜单中选择"计算",系统开始计算加入刀路"6-FQGB10CuS0.1"后的残留模型,计算结果留待后面应用。

图 8-68 刀路"6-FQGB10CuS0.1"

7. 反面叶根部倒钩粗加工刀路"7-FQGB6CuS0.1"的生成

使刀路"6-FQGB10CuS0.1"处于激活状态,在刀路"6-FQGB10CuS0.1"对话框中单击"基于此刀具路径产生一新的刀具路径"按钮 ，系统生成一个与"6-FQGB10CuS0.1"完全一样的刀路"6-FQGB10CuS0.1_1",修改"刀具路径名称"为"7-FQGB6CuS0.1"。单击"刀具"选项,选择刀具"B6",单击"残留"选项,选择残留模型"5",单击"计算"按钮,系统开始计算刀路,计算结果如图 8-69 所示。与残留模型"5"一样的制作方法，先复制残留模型"5"再改名为残留模型"6"，把刀路"7- FQGB6CuS0. 1"加入到残留模型"6"，计算即得到残留模型"6"。

8. 反面叶根部倒钩区精加工刀路"8- FB6QGJingS0. 0"的生成

单击主工具栏"刀具路径策略"按钮 ，系统弹出"策略选择器"对话框，单击"精加工"选项卡，选择"平行精加工"加工策略，单击"接受"按钮，系统弹出"平行精加工"对话框，修改"刀具路径名称"为 8- FB6QGJingS0. 0。"平行精加工"选项的

图 8-69 刀路"7- FQGB6CuS0. 1"

参数设置如图 8-70 所示。特别注意五个参数："角度"为 0，"Style"选择"双向"，"公差"为 0.01，"余量"为 0.0，"行距"为 0.03。单击"切入切出和连接"选项，按图 8-71 所示设置参数。其他参数不用修改。单击"计算"按钮，系统开始计算刀路，计算结果如图 8-72 所示。

图 8-70 "平行精加工"选项的参数设置

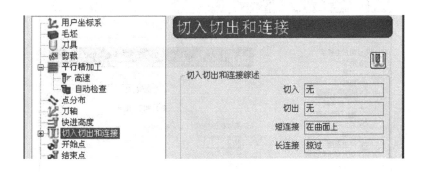

图 8-71　"切入切出和连接"选项的参数设置

从图 8-72 所示的刀路"8-FB6QGJingS0.0"可以看到倒钩区的加工刀路两端部分刀路远远低于叶片，这明显是不合理的。利用 PowerMILL 刀路编辑功能修剪掉不合理的刀路，修改后的"8-FB6QGJingS0.0"如图 8-73 所示（参见前面的操作，读者自己完成）。

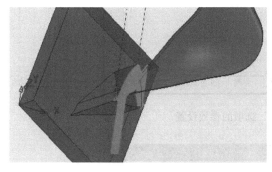
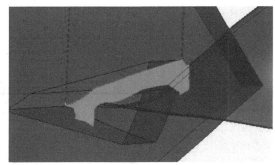

图 8-72　刀路"8-FB6QGJingS0.0"　　　图 8-73　修改后的刀路"8-FB6QGJingS0.0"

9. 反面法兰侧平面精加工刀路"9-D20FLPMJS0.0"的生成

激活坐标系"fanCsys"和刀具"D20"，单击主工具栏"刀具路径策略"按钮，系统弹出"策略选择器"对话框。单击"精加工"选项卡，选择"曲面精加工"加工策略，单击"接受"按钮，系统弹出"曲面精加工"对话框，修改"刀具路径名称"为 9-D20FLPMJS0.0，"曲面精加工"选项的参数设置如图 8-74 所示。特别注意三个参数："公差"为 0.01，"余量"为 0.0，"Stepover"为 18.0。单击"曲面精加工"选项下的子选项"参考线"，按图 8-75 所示设置参数。单击"刀轴"选项，"刀轴"设置为"前倾/侧倾"，"前倾角"和"侧倾角"都设置为 0，因为要加工的是平面，但这个平面并不与坐标平面 XY 平行，前倾角和侧倾角都为 0 表示刀轴始终与加工面垂直，用端铣刀的底刃加工平面，如图 8-76 所示。单击"快进高度"选项，参数设置如图 8-77 所示。特别注意，"用户坐标系"选择"fanCsys"（一般情况下如果刀路设置时坐标系没有改变，那么"快进高度"不需要重新设置），其他参数不需要修改。选择图 8-78 所示法兰侧平面，单击"计算"按钮，系统开始计算刀路，计算结果如图 8-78 所示。

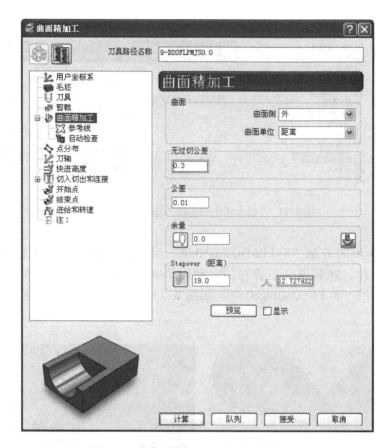

图 8-74 "曲面精加工"选项的参数设置

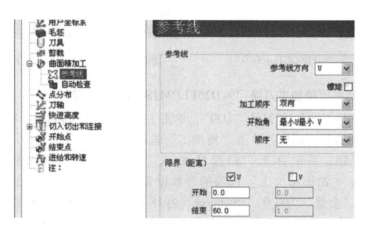

图 8-75 "参考线"选项的参数设置

图 8-76 "刀轴"选项的参数设置

 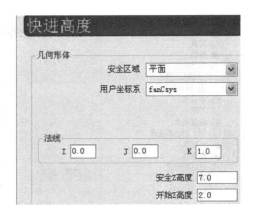

图 8-77 "快进高度"选项的参数设置

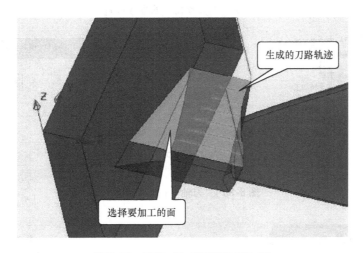

图 8-78 刀路"9-D20FLPMJS0.0"

10. 反面法兰侧小圆柱面精加工刀路"10-B10FLXYZMJS0.0"的生成

本刀路与前面刀路的制作过程完全类同，这里把不同点列出来：①刀具选择球头刀"B10"。②"曲面精加工"参数中的"Stepover"设为 0.03。③"参考线"参数按图 8-79 所示设置。④"刀轴"设置为"固定方向"方向的坐标为（0.5，0，0.5），如图 8-80 所示。⑤刀路名改为"10-B10FLXYZMJS0.0"。⑥选择要加工的小圆柱面，然后单击"计算"按钮，计算结果如图 8-81 所示。

至此，叶片反面及相应的法兰面加工全部完成，拆掉正面垫块及连接部件（图 8-10），把反面垫块连接到叶片工装的底座上（图 8-12），下面所有的刀路都用于加工叶片正面。

11. 正面粗加工刀路"11-ZB20R4KaiCuS0.3"的生成

首先激活刀路"1-ZB20R4KaiCuS4"，这样很多参数都能复制到当前环境中。本刀路的制作过程与刀路"1-ZB20R4KaiCuS4"完全类似，这里列出不同之处：①刀路名字改为 11-ZB20R4KaiCuS0.3。②选择残留加工方式，"残留模型"选择"6"。③"模型残留区域清除"的"余量"设置为 0.3，"行距"设置为 10。其他参数不变，单击"计算"按钮，计算结果如图 8-82 所示。

图 8-79 "参考线"的参数设置

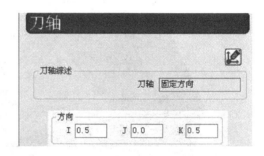

图 8-80 "刀轴"的参数设置

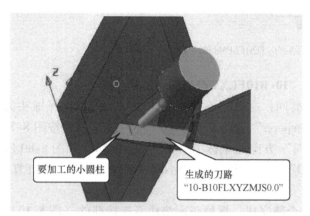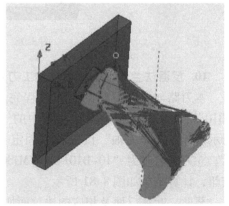

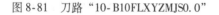

图 8-81 刀路"10-B10FLXYZMJS0.0"   图 8-82 刀路"11-ZB20R4KaiCuS0.3"

与残留模型"6"一样的制作方法,先复制残留模型"6"再改名为残留模型"7",把刀路"11-ZB20R4KaiCuS0.3"加入到残留模型"7"中然后计算,即得到残留模型"7",如图8-83所示。

12. 正面二次粗加工刀路"12-ZB10BanJingS0.2"的生成

制作过程与刀路"11-ZB20R4KaiCuS0.3"类似,不同点有:①修改刀路名为12-

ZB10BanJingS0.2。②"刀具"选择"B10"。③"残留模型"选择"7"。④"模型残留区域清除"的"余量"设置为0.2,"行距"设置为0.25,其他参数不变,单击"计算"按钮,计算结果如图8-84所示。

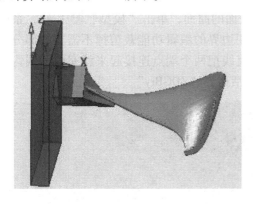

图 8-83 残留模型"7"

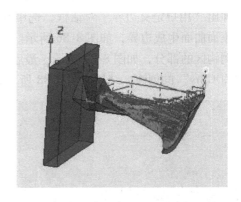

图 8-84 刀路"12-ZB10BanJingS0.2"

与残留模型"7"一样的制作方法,先复制残留模型"7"再改名为残留模型"8",把刀路"12-ZB10BanJingS0.2"加入到残留模型"8"中然后计算,即得到残留模型"8",留待后面应用。

13. 正面精加工刀路"13-ZB10JingS0.0"的生成

激活正面精加工刀路"2-ZB10JingS4"。本刀路的制作过程与刀路"2-ZB10JingS4"完全类似,不同点有:①修改刀路名为13-ZB10JingS0.0。②"平行精加工"的"余量"设为0,"行距"设为0.07。③"刀轴"设置为"固定方向",方向的坐标为(0.3,0.0,0.7),其他参数不改,计算结果如图8-85所示。

与残留模型"8"一样的制作方法,先复制残留模型"8"再改名为残留模型"9",把刀路"13-ZB10JingS0.0"加入到残留模型"9"然后计算,即得到残留模型"9",留待后面应用。

14. 正面倒钩粗加工刀路"14-ZB6DGMCuS0.1"的生成

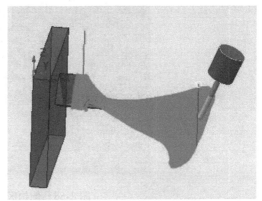

图 8-85 刀路"13-ZB10JingS0.0"

(1)建立正面倒钩刀路坐标系"ZDGCsys" 确认正面坐标系"zhengCsys"处于激活状态,在 PowerMILL 资源管理器中右击"用户坐标系"选项,在弹出的"用户坐标系"快捷菜单中选择"产生用户坐标系"菜单项,系统弹出"用户坐标系编辑器"工具栏,"名称"修改为ZDGCsys。单击工具栏上的"绕Y轴旋转"按钮,系统弹出"旋转"对话框,在"角度"的文本框中输入330,单击"接受"按钮,在工具栏单击"确定"按钮,完成坐标系"ZDGCsys"的创建。注意:当前激活的坐标系是"zhengCsys",也就是说倒钩刀路坐标系"ZDGCsys"是正面坐标系"zhengCsys"绕Y轴旋转330°形成的。激活正面倒钩坐标系"ZDGCsys"。

（2）建立正面倒钩区边界"ZDGBry" 右击 PowerMILL 资源管理器中"边界"选项，在弹出的"边界"快捷菜单中选择"定义边界"菜单项下的子菜单项"用户定义边界"，系统弹出"用户定义边界"对话框，选中叶片正面的曲面，单击"模型" 按钮，系统以叶片正面曲面生成边界，如图 8-86 所示。然后用边界的编辑功能裁剪掉不需要的部分，只留下倒钩区的部分，如图 8-87 所示。最后再用直线把两个端点连接起来就完成了倒钩区边界"ZDGBry"的创建，结果如图 8-88 所示。激活边界"ZDGBry"。

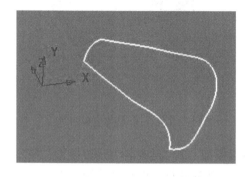

图 8-86　叶片正面曲面形成的边界

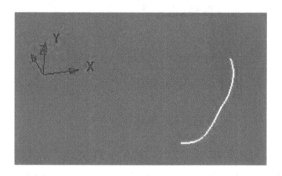

图 8-87　裁剪边界后留下的部分

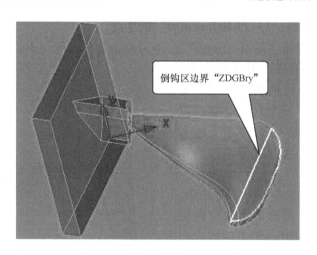

图 8-88　倒钩区边界"ZDGBry"

（3）刀路"14-ZB6DGMCuS0.1"的创建 激活刀具"B6"。单击主工具栏"刀具路径策略"按钮，系统弹出"策略选择器"对话框，单击"三维区域清除"选项卡，选择"模型区域清除"加工策略，再单击"策略选择器"对话框的"接受"按钮，系统弹出"模型区域清除"对话框，修改"刀具路径名称"为"14-ZB6DGMCuS0.1"，在"残留加工"前的复选框里打钩，"模型残留区域清除"选项的参数设置如图 8-89 所示。特别注意几个参数："余量"为 0.1，"行距"为 0.2，"下切步距"选择"自动"并输入 0.15。单击"残留"选项，"方式"选择"残留模型"，"残留模型"选择"9"，"刀轴"改为"垂直"。单击"快进高度"选项，按图 8-90 所示设置参数，特别注意，"用户坐标系"选择为"ZDGCsys"。单击"切入切出和连接"选项，按图 8-91 所示设置参数。其他参数不需要修改。单击"计算"按钮，系统开始计算刀路，计算结果如图 8-92 所示，单击"取消"按钮完成刀路的创建。

图 8-89　"模型残留区域清除"选项的参数设置

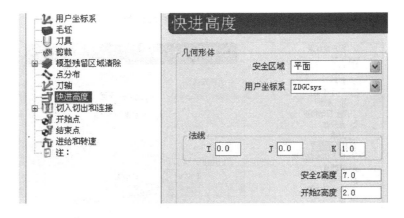

图 8-90　"快进高度"选项的参数设置

145

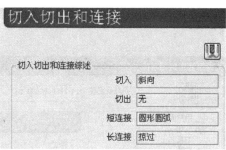

图 8-91　"切入切出和连接"选项的参数设置

**15. 正面倒钩精加工刀路 "15-ZB10DGMJingS0.0"
的生成**

本刀路基本上与正面精加工刀路 "13-ZB10JingS0.0"
一致, 坐标系 "ZDGCsys"、刀具 "B6"、边界 "ZDGBry"
已处于激活状态, 建立新刀路时这些参数自动进入刀路
的设置环境。新刀路与刀路 "13-ZB10JingS0.0" 不同
点有: ①刀路名称为 15-ZB10DGMJingS0.0。②"平行
精加工"的"行距"设为 0.03。③"刀轴"设置为
"固定方向", 方向的坐标为 (0.3, 0.3, 0.7), 如图

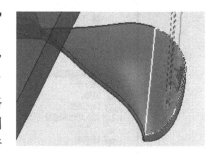

图 8-92　刀路 "14-ZB6DGMCuS0.1"

8-93 所示。④"快进高度"按图 8-94 所示设置参数,"用户坐标系"选择为"ZDGCsys",
其他参数不用修改。单击"计算"按钮, 计算结果如图 8-95 所示。

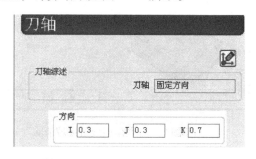

图 8-93　"刀轴"选项参数设置

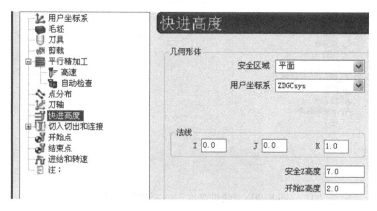

图 8-94　"快进高度"选项参数设置

16. 正面法兰侧平面精加工刀路"16-ZD20F LPMJS0.0"的生成

激活刀具"D20"和坐标系"zhengCsys"。本刀路制作过程与反面法兰侧平面精加工刀路"9-D20FLPMJS0.0"类似，计算结果如图8-96所示。

17. 正面法兰侧大圆柱面精加工刀路"17-B10F LDYZMJS0.0"的生成

激活刀具"B10"。本刀路制作过程与反面法兰侧小圆柱面精加工刀路"10-B10FLXYZMJS0.0"类似，计算结果如图8-97所示。

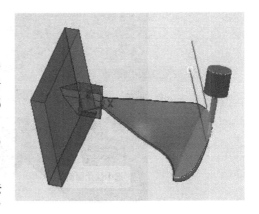

图8-95 刀路"15-ZB10DGMJingS0.0"

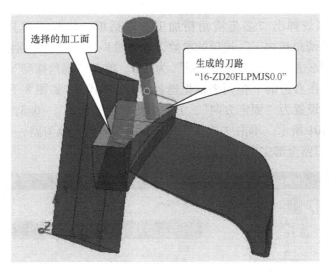

选择的加工面

生成的刀路"16-ZD20FLPMJS0.0"

图8-96 刀路"16-ZD20FLPMJS0.0"

18. 正面叶片根部的清根精加工刀路"18-B6GBQGJing"的生成

（1）建立根部清根加工边界"ZGBQG-Bry" 右击PowerMILL资源管理器中"边界"选项，在弹出的"边界"快捷菜单中选择"定义边界"菜单项下的子菜单项"用户定义边界"系统，弹出"用户定义边界"对话框。选中法兰曲面，单击"模型"按钮，系统以法兰曲面边界生成两个封闭的边界，删除内封闭边界，留下外封闭边界，这就是需要的边界"ZGBQGBry"，如图8-98所示。

图8-97 刀路"17-B10FLDYZMJS0.0"

（2）创建刀路"18-B6GBQGJing" 激活刀具"B6"。单击主工具栏"刀具路径策略"按钮系统弹出，"策略选择器"对话框，单击"精加工"选项卡，选择"多笔清角精加工"加工策略，再单击"策略选择器"对话框

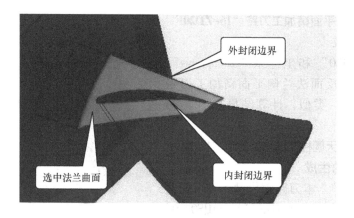

图 8-98　法兰曲面生成的边界

的"接受"按钮，系统弹出"多笔清角精加工"对话框，修改"刀具路径名称"为 18-B6GBQGJing，"多笔清角精加工"选项的参数设置如图 8-99 所示。特别注意几个参数："残留高度"为 0.01，"公差"为 0.01，"余量"为 0.0。单击"拐角探测"选项，"探测方式"选择"参考刀具"，在右边的下拉列表框里选择刀具"B10"，如图 8-100 所示。单击"刀轴"选项，"刀轴"设置为"固定方向"，方向的坐标为（0.3，－0.3，0.7）。其他参数不需要修改，如图 8-101 所示。单击"计算"按钮，系统开始计算刀路，计算结果如图 8-102 所示。至此，18 个刀路全部完成。

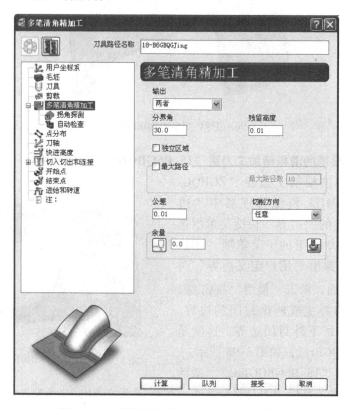

图 8-99　"多笔清角精加工"加工策略对话框

图 8-100 "拐角探测"选项的参数设置

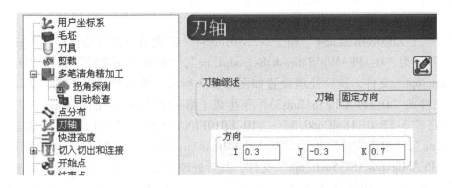

图 8-101 "刀轴"选项的参数设置

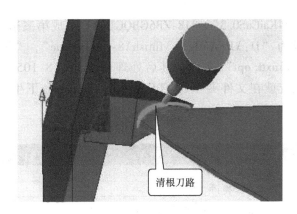

清根刀路

图 8-102 清根刀路"18-B6GBQGJing"

8.3.3 刀具路径后处理生成 NC 程序

　　叶片的所有程序都是在五轴加工中心上运行的。五轴数控机床配置及坐标轴关系图同第 3 章。回转中心到 C 轴工作台面的距离是 69.608mm。加工坐标系建立在 B 轴和 C 轴的交点上，本实例的工装底座面到设计坐标系（即 PowerMILL 的世界坐标系）原点的距离是 70mm。叶片工装的底座底面紧贴 C 轴工作台安装，底座的一个侧面与 X 轴平行，并使设计坐标系的原点在 C 轴的回转轴线上。这样安装毛坯后，加工坐标系原点在设计坐标系的坐标为（0，0，-139.608）。新建一用户坐标系 NCsys，坐标原点在世界坐标系的坐标为（0，0，-139.608），参见第 3 章刀路后处理部分。这个坐标系就是零件加工时的工件坐标系，也是出程序的坐标系。

本实例有 18 个刀路，1~2 刀路组成第一道程序，目的是加工出基准面，其加工余量 4mm 是为了加工工艺的需要。3~10 刀路组成第二道程序，目的是加工叶片反面所有的部分。11~18 刀路组成第三道程序，目的是加工叶片正面所有的部分。

加工过程是首先调入第一道程序，在正面加工出能够垫正面垫块的叶片曲面区域。第一组程序结束后，清理加工切屑和被加工的叶片面，把加工好的正面垫块连同正面垫块的连接块安装到叶片工装的底座上。然后调入第二道程序开始加工，加工叶片反面所有的部分。第二道程序加工结束后，清理加工切屑和叶片反面，把加工好的反面垫块连同反面垫块的连接块安装到叶片工装的底座上，同时拆掉正面垫块和正面垫块的连接块。最后调入第三道程序，加工叶片正面的所有部分。

以刀路 "1-ZB20R4KaiCuS4" 和 "2-ZB10JingS4" 组成第一道五轴程序 "8-group1.nc"，"输出文件" 设为 "D:\PFAMfg\8\finish\8-group1.nc"，"机床选项文件" 选择 "D:\PFAMfg\post\Sky5axtt.opt" 文件，其后处理设置如图 8-103 所示。单击对话框下的 "写入" 按钮，系统就在文件夹 "D:\PFAMfg\8\finish\" 下生成了第一道程序 "8-group1.nc"。

以刀路 "3-FB20R4KaiCuS0.3"~"10-FB10FLXYZMJS0.0" 组成第二道五轴程序 "8-group2.nc"，"输出文件" 设为 "D:\PFAMfg\8\finish\8-group2.nc"，"机床选项文件" 选择 "D:\PFAMfg\post\Sky5axtt.opt" 文件，其后处理设置如图 8-104 所示。单击对话框下的 "写入" 按钮，系统就在文件夹 "D:\PFAMfg\8\finish\" 下生成了第二道程序 "8-group2.nc"。

以刀路 "11-ZB20R4KaiCuS0.3"~"18-ZB6GBQGJing" 组成第三道五轴程序 "8-group3.nc"，"输出文件" 设为 "D:\PFAMfg\8\finish\8-group3.nc"，"机床选项文件" 选择 "D:\PFAMfg\post\Sky5axtt.opt" 文件，其后处理设置如图 8-105 所示。单击对话框下的 "写入" 按钮，系统就在文件夹 "D:\PFAMfg\8\finish\" 下生成了第三道程序 "8-group3.nc"。

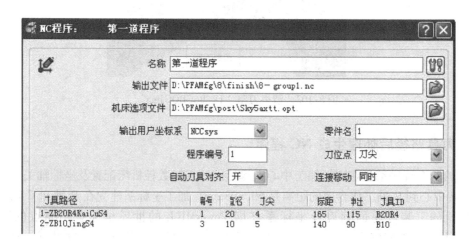

图 8-103　第一道程序的后处理设置

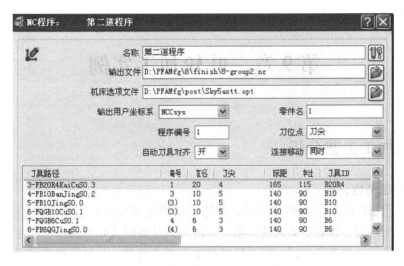

图 8-104 第二道程序的后处理设置

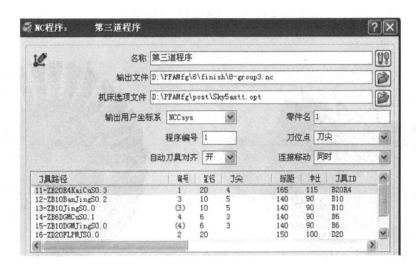

图 8-105 第三道程序的后处理设置

在文件夹"D:\PFAMfg\8\finish\"下保存以文件名为"8-叶片加工"的工程。

第 9 章 叶轮加工实例

9.1 叶轮加工工艺分析

1. 叶轮加工特性分析

叶轮是应用很广泛的一类机械零件，如用于航空航天发动机、水轮机、风机、离心机等。叶轮有装配式的，也有整体式的，第 8 章的实例是装配式叶轮的一个叶片，本实例是整体叶轮。叶片形状虽然各不相同，但叶轮的基本形式有两种，一种是像本实例一样的带分流叶片的整体叶轮，分流叶片比较短，所有的叶片沿着轴向对称分布，如图 9-1 所示。一种是不带分流叶片的整体叶轮，如图 9-2 所示，所有的叶片形状都一样，并且沿着叶轮轴向对称分布。

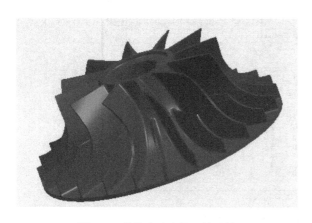

图 9-1 带分流叶片的整体叶轮　　　　　　　图 9-2 不带分流叶片的整体叶轮

整体叶轮的制造主要有精密铸造、数控铣削、电解套料加工、仿形电解加工、数控电解加工和数控电火花加工，在所有的这些加工方法中数控铣削效率是最高的。尤其是随着高速铣和各种能加工硬材料的刀具被不断研发出来，数控铣削已经可以加工绝大多数的叶轮，只有少数航空航天用高温合金叶轮采用效率很低的电火花加工。

叶轮的铣削是最典型的五轴联动加工，很多 CAM 软件都能通过控制刀轴和加工区域来加工叶轮。不过加工刀路的制作是很复杂的，就算很熟练的工程技术人员也要花费很多的时间和技巧才能做出叶轮的加工刀路，但用 PowerMILL 加工就简单多了，它针对叶轮这种特殊的零件开发了专用模块，大大方便了用户的编程。

2. 编程要点分析

PowerMILL 专用模块加工叶轮的方法是：在不同的层里放置加工叶轮时要用的几何元素。对于带分流叶片的整体叶轮，要求指定五个层来放置不同的几何元素，这五个层分别是

"轮毂层"、"套层"、"左叶片层"、"右叶片层"和"分流叶片层",其他的几何元素就留在默认的层里。"左叶片"几何元素、"右叶片"几何元素和"分流叶片"几何元素可以在叶轮三维实体零件上获取,但"套"几何元素和"轮毂"几何元素需要先在 CAD 软件中设计出来,再用于后续的叶轮刀路的制作。所谓"套"几何元素,就是叶轮的子午面,由叶轮的子午线通过 CAD 的旋转命令生成的一回转曲面,图 9-3 所示为本实例用到的"套"几何元素。"轮毂"几何元素就是与叶片根部相连的回转面,由叶轮的轮毂线经回转命令得到"轮毂"几何元素,如图 9-4 所示。在设计"套"和"轮毂"几何元素时应注意层的应用,如叶轮几何元素放在"1"层,"套"几何元素放在"2"层,"轮毂"几何元素放在"3"层。

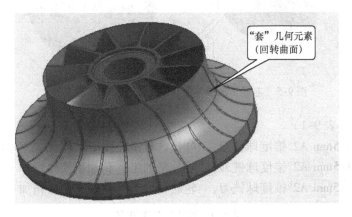

图 9-3　"套"几何元素的制作

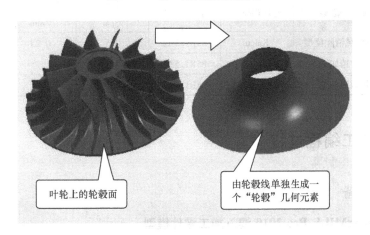

图 9-4　"轮毂"几何元素的制作

PowerMILL 叶轮加工模块"叶盘"下有三个加工策略,分别是"叶盘区域清除模型"(用于叶轮的粗加工,去除叶轮流道中的材料),"叶片精加工"和"轮毂精加工",所以叶轮的加工就是围绕这三个加工策略展开的,也是本实例遵循的加工工艺路线。

由于叶轮结构的特殊性,流道窄,叶片曲面的曲率大,刀具的直径就不能太大,否则就会发生干涉,但刀具直径太小刚度又差,不利于加工顺利进行。尤其是叶片的根部,流道特别窄,所以使用的刀具就必须考虑用带锥度的球头刀,球头部分可以很小,这样既可以满足底部窄的加工要求，又能满足刀具刚度要求。本实例主要是介绍叶片的编程，毛坯材料采用铝，对于其他材质的叶轮编程思路是一样的，只是加工切削参数不一样。

为了减少叶轮加工时间，毛坯可以先加工到位，五轴加工只是加工流道中的材料，所以可以在车床上把叶轮的端面、内孔、台阶、子午面等都先车削出来，如图9-5所示。

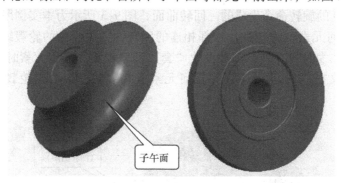

图 9-5 毛坯车出子午面（"套"面）及其他特征

3. 加工方案（表9-1）

1）φ5mm R1.5mm A2°锥度球铣刀，"叶盘区域清除模型"粗加工策略叶轮粗加工。

2）φ5mm R1.5mm A2°锥度球铣刀，"叶片精加工"精加工策略精加工叶片。

3）φ5mm R1.5mm A2°锥度球铣刀，"轮毂精加工"精加工策略精加工轮毂面。

表 9-1 叶轮的加工方案

序　号	加工策略	刀具路径名	刀　具　名	步距 /mm	切削深度 /mm	余量 /mm
1	叶盘区域清除模型	Kaicu	B5R1.5A2	0.5	0.25	0.2
2	叶片精加工	YepianJing	B5R1.5A2	0.1		0
3	轮毂精加工	LunguJing	B5R1.5A2	0.1		0

9.2　叶轮加工编程过程

9.2.1　编程准备

1. 启动 PowerMILL Pro 2010 调入加工零件模型

双击桌面上"PowerMILL Pro 2010"快捷图标，PowerMILL Pro 2010 被启动。右击"模型"选项，在弹出的"模型"快捷菜单中选择"输入模型"菜单项，系统弹出"输入模型"对话框，把该对话框中"文件类型"选择为"IGES（＊.ig＊）"，然后选择叶轮模型文件"D:\PFAMfg\9\source\yelun.igs"，单击"打开"按钮，文件被调入，零件如图9-6所示。注意，叶轮外表面的颜色不一致，说明叶轮的外法线方向不一致，同时可以看到在PowerMILL"层"选项下有三个层（分别是"1"、"2"和"3"，其中"1"放的是叶轮所有几何元素，"2"放的是"套"几何元素，"3"放的是"轮毂"几何元素）。修改所有曲面的外法线方向使它们的外法线方向一致（方法为：用鼠标单击红色的曲面，如果要选中多

个曲面可以按住 < Shift > 键的同时单击多个曲面，然后右击，在弹出的快捷菜单中选择"反向已选"菜单项，曲面变成蓝色），修改后的叶轮如图 9-7 所示（关闭了层"2"和"3"，也就是层"2"和层"3"里的几何元素不显示）。

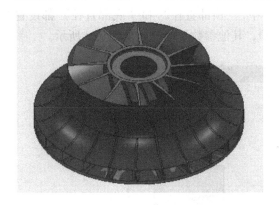

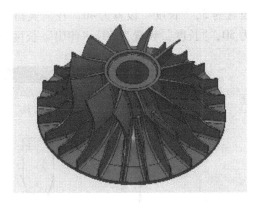

图 9-6　叶轮零件调入 PowerMILL 中　　　　图 9-7　修改外法线一致后的叶轮

2. 建立毛坯

单击主工具栏上"毛坯"按钮系统，弹出"毛坯"对话框，在"由...定义"的下拉列表框中选择"三角形"，然后单击对话框右上角的"打开"按钮，系统弹出"通过三角形模型打开毛坯"对话框，"文件类型"选择"IGES（∗.ig∗）"，"查找范围"定位到"D：\PFAMfg\9\source"文件夹，选择"block.igs"文件，单击"打开"按钮，系统开始转换毛坯零件，转换结束后单击"接受"按钮，完成毛坯创建，如图 9-8 所示。

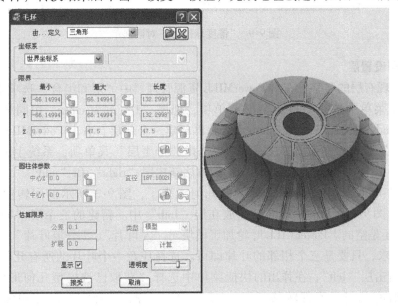

图 9-8　"毛坯"对话框及生成的毛坯

3. 创建刀具

建立 φ5mm R1.5mm A2°锥度球铣刀 B5R1.5A2　右击"刀具"选项，选择"产生刀具"→

"锥度球铣刀",系统弹出"锥度球铣刀"对话框。在"刀尖"选项卡中,"直径"设置为5,"长度"设置为40,"刀尖半径"设置为1.5,"锥角"设置为2,"名称"设置为B5R1.5A2,"刀具编号"设置为1。在"刀柄"选项卡中,"顶部直径"和"底部直径"都设置为5,"长度"设置为40。在"夹持"选项卡中,"顶部直径"和"底部直径"都设置为50,"长度"设置为50,"伸出"长度设置为50,其他参数不修改,如图9-9所示。

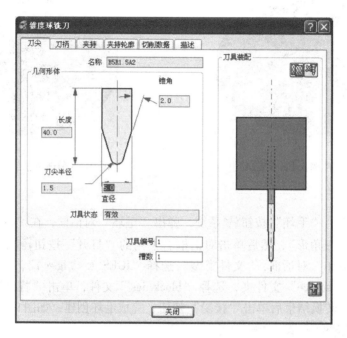

图9-9 "锥度球铣刀"对话框

4. 建立和设置层

首先修改现有层的名字。右击PowerMILL资源管理器中"层和组合"选项下的层"1",在弹出的快捷菜单中选择"重命名"菜单项,把层"1"改为other。用同样的方法把层"2"改成shroud,把层"3"改成hub。然后再新建三个新层。右击PowerMILL资源管理器中"层和组合"选项,在弹出的快捷菜单中选择"产生层"菜单项,系统生成一个新的层并命名为"1",把"1"改为left。用同样的方法新建层"right"和"mid"。

现在层"shroud"中已经有"套"的几何元素了,图9-3所示的回转曲面就放在层"shroud"中。图9-4所示的轮毂面已经放在层"hub"中。新建的三个层"left"、"right"和"mid"都还是空的。PowerMILL叶轮加工模块对"左叶片"、"分流叶片"和"右叶片"没有特别的要求,只要是三个相邻的叶片即可。选择任意一个叶片的所有几何元素,如图9-10所示。右击层"left",在弹出的快捷菜单中选择"获取已选模型几何形体"菜单项,则该叶片的所有几何元素都转移到层"left"中。同样,选择与左叶片相邻的分流叶片(图9-11),放到层"mid"中,然后选择右叶片把它放到层"right"中,只留下层"left"、"mid"、"right"和"hub"是显示的,关闭其他层,其结果如图9-12所示。至此,Power-MILL叶轮加工模块要求的所有层都设置完毕。

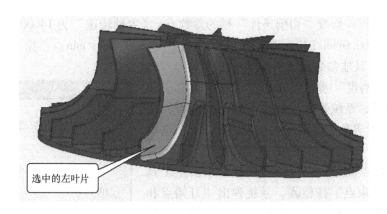

选中的左叶片

图 9-10　"左叶片层"中放置的叶片

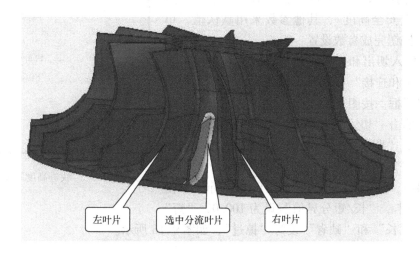

左叶片　　选中分流叶片　　右叶片

图 9-11　"分流叶片层"中放置的分流叶片

图 9-12　层"left"、"mid"、"right"和"hub"

5. 部分加工参数预设置

（1）"进给和转速"参数设置　单击主工具栏"进给和转速"按钮，系统弹出"进

给和转速"对话框,修改"切削条件"栏的参数有:"主轴转速"为 14000.0r/min;"切削进给率"为 2000.0mm/min;"下切进给率"为 200.0mm/min;"掠过进给率"为3000.0mm/min。其他参数采用默认值。

(2)"快进高度"参数设置 单击主工具栏"快进高度"按钮▆,系统弹出"快进高度"对话框,按图 9-13 所示设置参数。特别注意,"安全区域"选择"圆柱体",单击"接受"按钮完成参数设置。

(3)"开始点和结束点"参数设置 单击主工具栏"开始点和结束点"按钮▆,系统弹出"开始点和结束点"对话框。"开始点"选项卡中"使用"选择"第一点安全高度","结束点"选项卡中"使用"选择"最后一点安全高度",其他参数采用默认值,单击"接受"按钮完成参数设置。

(4)"切入切出和连接"参数设置 单击主工具栏"切入切出和连接"按钮▆,系统弹出"切入切出和连接"对话框。按图 9-14 所示设置"Z 高度"选项卡的参数。单击"切入"选项卡,"第一选择"选择"延伸移动","距离"设为 4.0,"第二选择"选择"无",单击"复制到切出"按钮,则"切入"选项卡的参数复制到"切出"选项卡,如图 9-15 所示。单击"连接"选项卡,"长/短分界值"设为 100.0,"短"设为"直","长"和"缺省"设为"掠过",如图 9-16 所示。

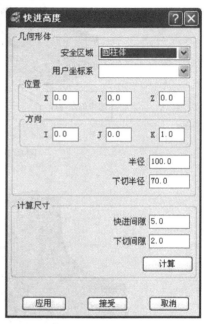

图 9-13 "快进高度"对话框

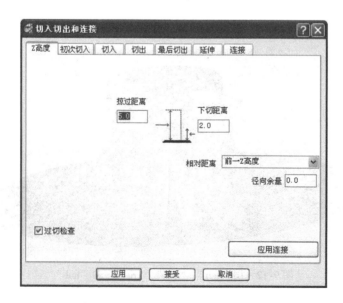

图 9-14 "Z 高度"选项卡的参数设置

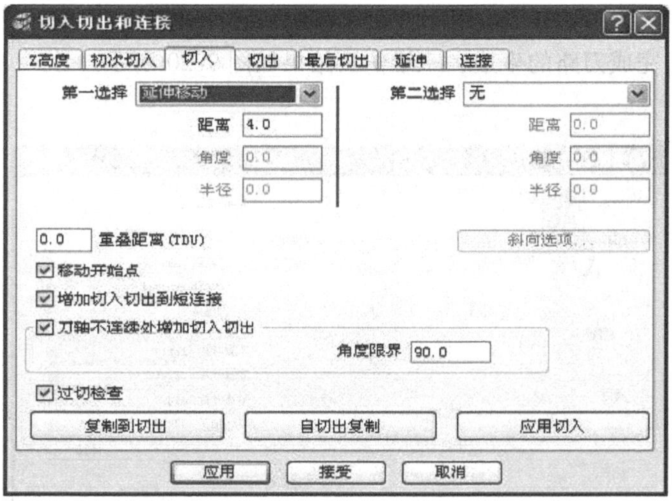

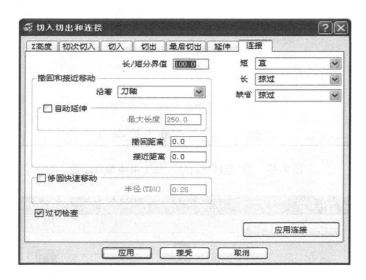

图 9-15 "切入"选项卡的参数设置

图 9-16 "连接"选项卡的参数设置

9.2.2 刀具路径的生成

1. 叶轮粗加工刀路"Kaicu"的生成

单击主工具栏"刀具路径策略"按钮 ，系统弹出"策略选择器"对话框，单击"叶盘"选项卡，"叶盘区域清除模型"加工策略，单击"接受"按钮，系统弹出"叶盘区域清除"对话框，修改"名称"为 Kaicu，整个加工策略参数设置如图 9-17 所示。与叶片加工有关的参数有："叶盘定义"栏参数（"轮毂"选择"hub"，"套"选择"shroud"，"左翼叶片"选择"left"，"右翼叶片"选择"right"，"分流叶片"选择"mid"，"加工"选择"单叶片"）、"刀轴仰角"栏参数（"自"选择"偏置法线"）、"加工"栏参数（"偏置"选择"合并"，"方向"选择"任意"）。特别要注意"部件余量"的设置。单击"部件余量"按钮 ，系统弹出"部件余量"对话框。按图 9-18 所示设置"曲面"选项卡的参数

（"套"的曲面不加工），单击"应用"按钮，系统开始计算刀路，计算结果如图 9-19 所示，单击"取消"按钮完成刀路的生成，三维仿真结果如图 9-20 所示。

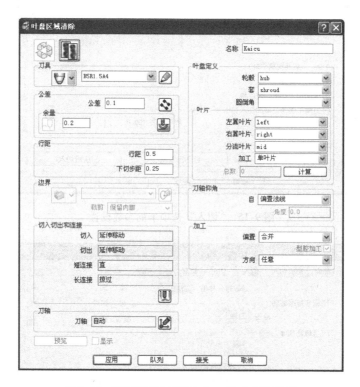

图 9-17　"叶盘区域清除"加工策略参数设置

图 9-18　"曲面"选项卡的参数设置

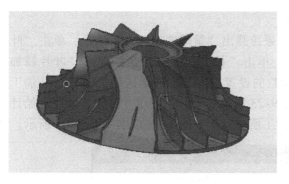

图 9-19 刀路"Kaicu"

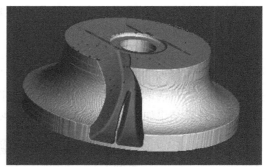

图 9-20 刀路"Kaicu"三维仿真结果

叶轮是轴对称零件，所以"叶片"栏的"加工"可以选择"单叶片"和"全部叶片"。当选择"全部叶片"时，单击"计算"按钮，系统会自动计算出 12 个叶片（长叶片 12，分流短叶片 12），计算出的刀路如图 9-21 所示，三维仿真结果如图 9-22 所示。不建议采用这种方法，因为这样的程序会很长，而且一旦出现错误，就是 12 个通道已经加工出来了，浪费时间又浪费材料。本例的加工方法是只做单个叶片的程序，便于检查和修改。其他的叶片加工可以通过改变工件坐标系的转角数值来实现。

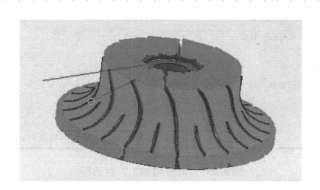

图 9-21 加工全部叶片的刀路"Kaicu_allyepian"

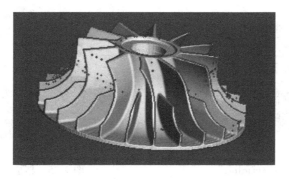

图 9-22 刀路"Kaicu_allyepian"三维仿真结果

2. 叶片精加工刀路"YepianJing"的生成

单击主工具栏"刀具路径策略"按钮 ，系统弹出"策略选择器"对话框，单击"叶盘"选项卡，选择"叶片精加工"加工策略，单击"接受"按钮，系统弹出"叶片精加工"对话框，修改"名称"为 YepianJing，参数的设置基本与"叶盘区域清除模型"加工策略相同，仍然选单叶片加工，参数设置如图 9-23 所示。单击"应用"按钮，系统开始计算刀路，计算结果如图 9-24 所示。如果选择加工所有叶片，计算出的刀路如图 9-25 所示。

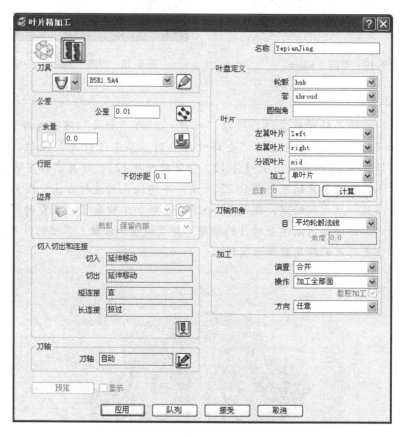

图 9-23 "叶片精加工"对话框

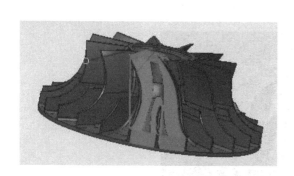

图 9-24 刀路"YepianJing"

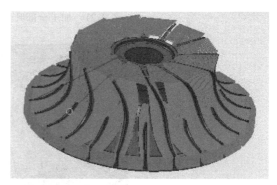

图 9-25 精加工全部叶片的刀路
"YepianJing_allyepian"

3. 轮毂精加工刀路"LunguJing"的生成

单击主工具栏"刀具路径策略"按钮🖊，系统弹出"策略选择器"对话框，单击"叶盘"选项卡，选择"轮毂精加工"加工策略，单击"接受"按钮，系统弹出"轮毂精加工"对话框，修改"名称"为 LunguJing，参数的设置基本与"叶片精加工"加工策略相同，"加工"选择"一个型腔"，参数设置如图 9-26 所示。单击"应用"按钮，系统开始计算刀路，计算结果如图 9-27 所示。如果选择加工所有型腔，计算出的刀路如图 9-28 所示。

图 9-26 "轮毂精加工"对话框

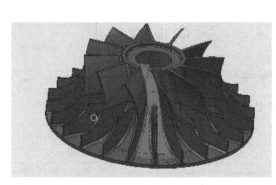

图 9-27 刀路"LunguJing"

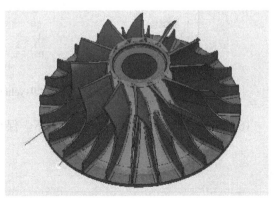

图 9-28 精加工全部轮毂的刀路"LunguJing_allyepian"

163

9.2.3　刀具路径后处理生成 NC 程序

本实例三个刀路都是五轴加工刀路，并且只用了一把锥度球铣刀，在五轴加工中心上只要出一个程序即可，仅加工叶轮的一个通道。其他通道的加工通过灵活应用工件坐标系的技巧来完成。

五轴数控机床配置及坐标轴关系图同第 3 章。回转中心到 C 轴工作台面的距离是 69.608mm。

加工坐标系建立在 B 轴和 C 轴的交点上，本实例零件的设计坐标系在叶轮大端的底面中心上，安装毛坯时其轴线与 C 轴的轴线重合，毛坯的大端与 C 轴工作台之间垫空心圆柱（轴向长度为 100mm，直径为 120mm）。这样安装毛坯后，加工坐标系原点在设计坐标系的坐标为（0，0，-169.608）。

新建一用户坐标系"NCsys"，坐标原点在世界坐标系的坐标为（0，0，-169.608），参见第 3 章刀路后处理部分。这个坐标系就是零件加工时的工件坐标系，激活该坐标系。

在 PowerMILL 资源管理器中右击"NC 程序"选项，在弹出的"NC 程序"快捷菜单中选择"产生 NC 程序"菜单项，系统弹出"NC 程序：叶轮加工"对话框，修改"名称"为"叶轮加工"，"输出文件"设为"D：\PFAMfg\9\finish\9-yelunjiagong.nc"，"机床选项文件"选择"D：\PFAMfg\post\Sky5axtt.opt"，"输出用户坐标系"选择"NCsys"，单击"接受"按钮完成程序"9-yelunjiagong.nc"的创建。然后把刀路"Kaicu"、"YepianJing"和"LunguJing"添加到程序"9-yelunjiagong.nc"中，其后处理设置如图 9-29 所示，单击对话框的"写入"按钮，系统就在文件夹"D：\PFAMfg\9\finish\"下生成了叶轮加工程序"9-yelunjiagong.nc"。

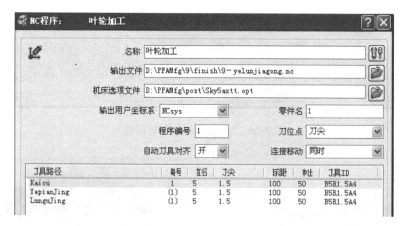

图 9-29　NC 程序"9-yelunjiagong.nc"后处理设置

在文件夹"D：\PFAMfg\9\finish\"下。保存文件名为"9-叶轮加工"的工程。

第10章　DUCTPOST 后处理

10.1　DUCTPOST 简介

在 PowerMILL 中规划好刀路并完成刀路的创建后，刀路只是几何轨迹，不是加工代码，还必须把这些刀路中的几何轨迹转换成符合用户数控机床要求的数控代码，这个过程就称之为后处理。

PowerMILL 有两个后处理模块，一个是 DUCTPOST 模块，另一个是 PM-POST 模块。PowerMILL 默认的后处理模块就是 DUCTPOST 模块，它是利用适合用户数控机床控制器代码系统的机床选项文件（∗.opt）把刀路转换成 NC 程序。用户唯一要做的就是根据用户机床控制器代码系统做一个机床选项文件，其他的事情就由 DUCTPOST 模块处理。PM-POST 后处理器是一个可视化的独立软件，它读入的是刀位文件（∗.cut），利用 NC 格式选项文件（∗.pmopt）把刀位文件转换成适合用户机床的 NC 程序。DUCTPOST 模块的特点是操作简单，处理过程快并且在 PowerMILL 中直接完成，本书实例的后处理都是采用这种方法完成的。

DUCTPOST 模块是 PowerMILL 自带的后处理模块，PowerMILL 正确安装后 DUCTPOST 被自动安装，用户在 PowerMILL 中正确产生刀路后，利用一个适合用户机床的机床选项文件，DUCTPOST 后处理模块就把刀路转换成能在用户机床上运行的 NC 程序。

DUCTPOST 模块具备两个功能，一是生成一个典型数控系统的机床选项文件，二是根据机床选项文件的要求把 PowerMILL 生成的刀路转换成 NC 程序。DUCTPOST 模块的后处理过程如下。

1）利用 DUCTPOST 模块生成一个最接近用户机床控制器代码的机床选项文件。

2）修改前一步生成的机床选项文件，使它完全适合用户机床控制器代码系统及机床的配置。

3）在 PowerMILL 产生一个 NC 程序，把要转换的刀路、机床选项文件及最后要生成的机床 NC 程序联系在一起，然后让 DUCTPOST 模块完成转换任务，这样后处理就完成了（参见前面章节的"刀具路径后处理生成 NC 程序"内容）。

利用 DUCTPOST 模块生成一个机床选项文件的方法如下。

1）单击计算机任务栏"开始"→"运行"→输入命令"cmd"，计算机进入 DOS 命令界面。假设用户的 PowerMILL 安装在 C 盘上，则输入命令：

"CD C：\Program Files\Delcam\DuctPost1516\sys\exec，这是 DUCTPOST.EXE 文件的安装目录。

2）输入命令：ductpost-w 内置控制器名称 > 机床选项文件（可以加路径），即："ductpost-w fanucom > D：\PFAMfg\post\Sky5axtt.opt"，这样在 D 盘"D：\PFAMfg\post\"文件夹下就生成了"Sky5axtt.opt"。这个文件有 fanucom 系统的基本定义。剩下的工作就是根据用

户的机床进行相应的修改（可以用"ductpost-1"命令查看内置控制器名称）。

10.2　机床选项文件多轴参数设置

本书主要是针对多轴（四轴和五轴）加工展开的，所以这里主要讲解关于机床选项文件中多轴的参数设置。

10.2.1　四轴参数设置

1. 旋转轴在主轴上

（1）A 轴绕 X 轴摆动，摆长为 155.5mm，范围为 –120°~120°　四轴机床上第四轴为摆头（A 轴绕 X 轴摆动）的坐标轴关系图如图 10-1 所示。

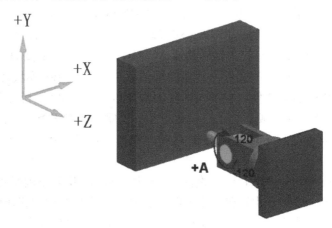

图 10-1　第四轴为摆头（A 轴绕 X 轴摆动）的坐标轴关系图

需要设置的最少参数如下（"#"号后面是注释）。

define format(A)

　　decimal point　　= true　　#　定义地址字 A 的格式

　　decimal places = 3

end define

word order = (+ A)　　　　　　# 　增加地址 A 到输出地址字顺序表中

define keys

　　azimuth axis　　**not used**　　#第五轴不用

　　elevation axis　　= **A**　　　#定义第四轴 A

end define

spindle elevation rotation = **true**　　　#第四轴在主轴上

elevation units　　　　　　　= degrees　　#第四轴角度单位为(°)

elevation axis direction　　　= positive　　#第四轴角度方向为正

elevation centre = (0.　0.　**155.5**)　　　#第四轴中心,摆长为 155.5mm

elevation axis parameters = (0.　0.　0.　**1.　0.　0.**)#第四轴 A 旋转矢量(后三位数)

rotary axis limits =   (0. 0. **−120.** **120.** 0.01 1.)   #第四轴 A 的取值范围

multiaxis coordinate transform   = **true**   #启动多轴坐标变换

linearise multiaxis moves   = **true**   #启动多轴线型移动

integer 3   =**1**   #启动多轴功能

define block move rapid   #定义快速移动

　　N;G1;G6;x coord;y coord;z coord;**elevation axis**;S;H;M1

end define

define block move linear   #定义进给移动

　　N;G1;G2;x coord;y coord;z coord;**elevation axis**;D;F

end define

（2）B 轴绕 Y 轴摆动，摆长为 155.5mm，范围为 − 120°~120° 四轴机床上第四轴为摆头（B 轴绕 Y 轴摆动）的坐标轴关系图如图 10-2 所示。

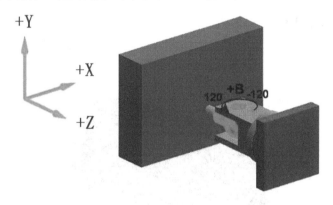

图10-2　第四轴为摆头（B 轴绕 Y 轴摆动）的坐标轴关系图

需要设置的最少参数如下。

define format(**B**)

　　decimal point = true

　　decimal places = 3

end define

word order = (+ B)

define keys

　　azimuth axis   **not used**

　　elevation axis   = **B**

end define

spindle elevation rotation = **true**

elevation units   = degrees

elevation axis direction   = positive

elevation centre   = (0. 0. **155.5**)

elevation axis parameters = (0. 0. 0. **0.** **1.** **0.**)

rotary axis limits =   (0. 0. **−120.** **120.** 0.01 1.)

```
multiaxis coordinate transform    =    true
linearise multiaxis moves         =    true
integer 3                             = 1
define block move rapid
    N;G1;G6;x coord;y coord;z coord;elevation axis;S;H;M1
end define
define block move linear
    N;G1;G2;x coord;y coord;z coord;elevation axis;D;F
end define
```

2. 第四轴为回转工作台

（1）A 轴绕 X 轴旋旋，角度任意　四轴机床上第四轴为回转工作台（A 轴绕 X 轴旋转）的坐标轴关系图如图 10-3 所示。

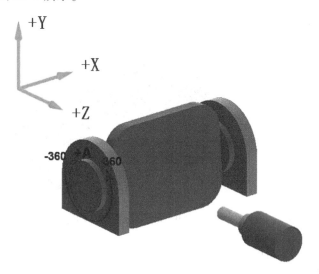

图 10-3　第四轴为回转工作台（A 轴绕 X 轴旋转）的坐标轴关系图

需要设置的最少参数如下。

```
define format( A )
    decimal point = true
    decimal places = 3
end define
word order = ( +A )
define keys
    azimuth axis       not used
    elevation axis     = A
end define
spindle elevation rotation = false      #默认值
elevation units            = degrees
elevation axis direction   = positive
```

elevation axis parameters = 　　(0.　0.　0.　**1.　0.　0.**)

rotary axis limits = 　(0.　0.　**−360.　360.**　0.01　1.)

multiaxis coordinate transform 　=　**true**

linearise multiaxis moves 　　　=　**true**

integer 3 　　　　　　　　　=**1**

define block move rapid

　　N;G1;G6;x coord;y coord;z coord;**elevation axis**;S;H;M1

end define

define block move linear

　　N;G1;G2;x coord;y coord;z coord;**elevation axis**;D;F

end define

（2）B 轴绕 Y 轴旋转，角度任意　四轴机床上第四轴为回转工作台（B 轴绕 Y 轴旋转）的坐标轴关系图如图 10-4 所示。

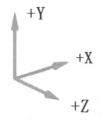

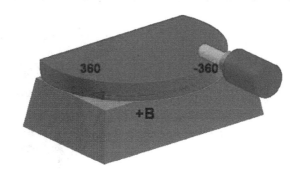

图 10-4　第四轴为回转工作台（B 轴绕 Y 轴旋转）的坐标轴关系图

需要设置的最少参数如下。

define format(B)

　　decimal point = true

　　decimal places = 3

end define

word order = (+ B)

define keys

　　azimuth axis 　　　　**not used**

　　elevation axis 　　= **B**

end define

```
spindle elevation rotation = false
elevation units            = degrees
elevation axis direction   = positive
elevation axis parameters  =  ( 0.  0.  0.  0.  1.  0. )
rotary axis limits =   ( 0.  0.  -360.  360.  0.01  1. )
multiaxis coordinate transform   = true
linearise multiaxis moves        = true
integer 3                        = 1
define block move rapid
    N;G1;G6;x coord;y coord;z coord;elevation axis;S;H;M1
end define
define block move linear
    N;G1;G2;x coord;y coord;z coord;elevation axis;D;F
end define
```

10.2.2 五轴参数设置

1. 双摆头

（1）第四轴 A 轴绕 X 轴摆动，第五轴 C 轴绕 Z 轴摆动，摆长为 200mm 五轴机床上双摆头（A 轴绕 X 轴摆动，C 轴绕 Z 轴摆动）的坐标轴关系图如图 10-5 所示。

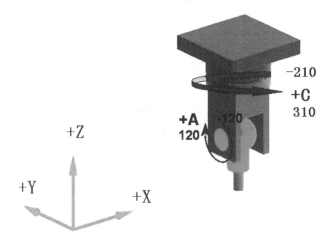

图 10-5 双摆头（A 轴绕 X 轴摆动，C 轴绕 Z 轴摆动）的坐标轴关系图

需要设置的最少参数如下。

```
define format( A C)
    decimal point   = true   #  定义地址字 A 和 C 的格式
    decimal places = 3
end define
word order = ( + A C)              #增加地址 A 到输出地址字顺序表中
define keys
```

```
    azimuth axis        = C      #第五轴 C,绕 Z 轴旋转
    elevation axis      = A          #第四轴 A,绕 X 轴摆动
end define
spindle azimuth rotation     = true     #第五轴在主轴上
spindle elevation rotation = true       #第四轴在主轴上
azimuth axis units      = degrees       #第五轴角度单位为(°)
elevation units         = degrees       #第四轴角度单位为(°)
azimuth axis direction  =   positive    #第五轴角度方向为正
elevation axis direction = positive     #第四轴角度方向为正
azimuth axis parameters = ( 0.  0.  0.  0.  0.  1.)#第五轴旋转矢量(后三位数)
elevation centre        = (0.  0.  200.)        #第四轴中心,摆长为200mm
elevation axis parameters = ( 0.  0.  0.  1.  0.  0. )  #第四轴旋转矢量(后三位数)
rotary axis limits =  ( −210.  310.  −120.  120.  0.01  1. )  #C 和 A 的取值范围
multiaxis coordinate transform   =   true      #启动多轴坐标变换
linearise multiaxis moves        =   true      #启动多轴线型移动
integer 3                        = 1           #启动多轴功能
define block move rapid      #定义快速移动
    N;G1;G6;x coord;y coord;z coord;A;C;S;H;M1
end define
define block move linear     #定义进给移动
    N;G1;G2;x coord;y coord;z coord;A;C;;D;F
end define
```

（2）第四轴 B 轴绕 Y 轴摆动，第五轴 C 轴绕 Z 轴摆动，摆长为200mm　五轴机床上双摆头（B 轴绕 Y 轴摆动，C 轴绕 Z 轴摆动）的坐标轴关系图如图 10-6 所示。

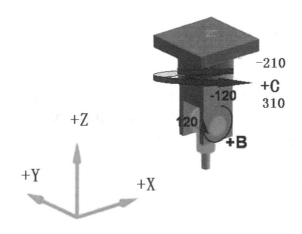

图 10-6　双摆头（B 轴绕 Y 轴摆动，C 轴绕 Z 轴摆动）的坐标轴关系图

需要设置的最少参数如下。

define format （B C）

```
        decimal point    = true
        decimal places = 3
end define
word order = （ + B C）
define keys
        azimuth axis    = C
        elevation axis    = B
end define
spindle azimuth rotation      = true
spindle elevation rotation  = true
azimuth axis units        =    degrees
elevation units          = degrees
azimuth axis direction       =    positive
elevation axis direction       = positive
azimuth axis parameters  = （ 0.   0.   0.   0.   0.   1. ）
elevation centre     = （0.   0.   200. ）
elevation axis parameters = （ 0.   0.   0.   0.   1.   0. ）
rotary axis limits =    （ -210.    310.    -120.    120.    0.01   1. ）
multiaxis coordinate transform      =    true
linearise multiaxis moves        =    true
integer 3                  = 1
define block move rapid
    N；G1；G6；x coord；y coord；z coord；B；C；S；H；M1
end define
define block move linear
    N；G1；G2；x coord；y coord；z coord；B；C；；D；F
end define
```

2. 一摆一转

（1）A 轴绕 X 轴摆动，C 轴绕 Z 轴旋转，摆长为 200mm　五轴机床上一摆一转（A 轴绕 X 轴摆动，C 轴绕 Z 轴旋转）的坐标轴关系图如图 10-7 所示。

需要设置的最少参数如下。

```
define format( A C)
        decimal point     = true
decimal places = 3
end define
word order = ( + A C)
define keys
        azimuth axis    = C
        elevation axis      = A
```

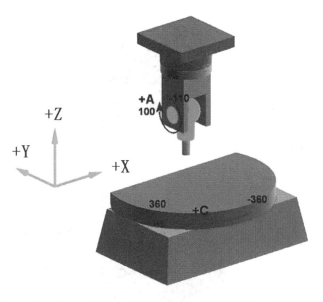

图 10-7　一摆一转（A 轴绕 X 轴摆动，C 轴绕 Z 轴旋转）的坐标轴关系图

end define

spindle azimuth rotation 　　　= false

spindle elevation rotation 　= **true**

azimuth axis units 　　　　=　degrees

elevation units 　　　　= degrees

azimuth axis direction 　　　=　positive

elevation axis direction 　　= positive

azimuth axis parameters 　=　（ 0.　0.　0.　**0.　0.　1.**）

elevation centre 　　=　（0.　0.　**200.**）

elevation axis parameters =　（ 0.　0.　0.　**1.　0.　0.**）

rotary axis limits =　（ **−360.　360.　−110.　100.**　0. 01　1.**）**

multiaxis coordinate transform 　　=　**true**

linearise multiaxis moves 　　　=　**true**

integer 3 　　　　　　　=**1**

define block move rapid

　　N；G1；G6；x coord；y coord；z coord；**A；C**；S；H；M1

end define

define block move linear

　　N；G1；G2；x coord；y coord；z coord；**A；C**；；D；F

end define

（2）B 轴绕 Y 轴摆动，C 轴绕 Z 轴旋转，摆长为 200mm　五轴机床上一摆一转（B 轴绕 Y 轴摆动，C 轴绕 Z 轴旋转）的坐标轴关系图如图 10-8 所示。

需要设置的最少参数如下。

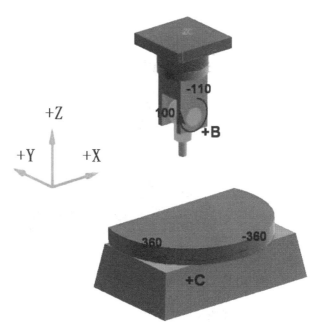

图 10-8 一摆一转（B 轴绕 Y 轴摆动，C 轴绕 Z 轴旋转）的坐标轴关系图

```
define format( B C)
    decimal point    = true
    decimal places = 3
end define
word order = ( + B C)
define keys
    azimuth axis      = C
    elevation axis      = B
end define
spindle azimuth rotation      = false
spindle elevation rotation = true
azimuth axis units         =    degrees
elevation units           = degrees
azimuth axis direction      =    positive
elevation axis direction    = positive
azimuth axis parameters    =  ( 0.   0.   0.   0.   0.   1. )
elevation centre      =    (0.   0.   200. )
elevation axis parameters =   ( 0.   0.   0.   0.   1.   0. )
rotary axis limits =    ( −360.   360.   −110.   100.   0.01   1. )
multiaxis coordinate transform      =    true
linearise multiaxis moves         =    true
integer 3                  = 1
```

define block move rapid

　　N；G1；G6；x coord；y coord；z coord；**B**；**C**；S；H；M1

end define

define block move linear

　　N；G1；G2；x coord；y coord；z coord；**B**；**C**；；D；F

end define

3. 双回转工作台

（1）A 轴绕 X 轴旋转，C 轴绕 Z 轴旋转，A 轴轴线在 C 轴工作台台面下 69.608mm　五轴机床上双回转工台作（A 轴绕 X 轴旋转，C 轴绕 Z 轴旋转）的坐标轴关系图如图 10-9 所示。

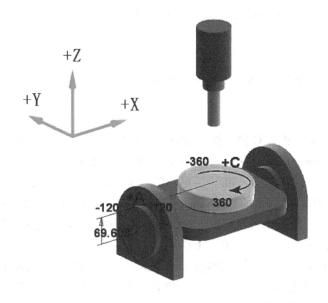

图 10-9　双回转工作台（A 轴绕 X 轴旋转，C 轴绕 Z 轴旋转）的坐标轴关系图

需要设置的最少参数如下。

define format(A C)

　　decimal point　 = true

　　decimal places = 3

end define

word order = (+ A C)

define keys

　　azimuth axis　 = **A**

　　elevation axis　= **C**

end define

spindle azimuth rotation　　 = false

spindle elevation rotation = false

azimuth axis units　　　　 = 　degrees

elevation units   = degrees

azimuth axis direction   =   positive

elevation axis direction   = positive

azimuth axis parameters   =   (0.   0.   0.   **1.**   **0.**   **0.**)

elevation axis parameters =   (0.   0.   **−69.608**   **0.**   **0.**   **1.**)   #见注释

rotary axis limits =   (**−360.**   **360.**   **−120.**   **120.**   0.01   1.)

multiaxis coordinate transform   = **true**

linearise multiaxis moves   = **true**

integer 3   = **1**

define block move rapid

    N;G1;G6;x coord;y coord;z coord;**A**;**C**;S;H;M1

end define

define block move linear

    N;G1;G2;x coord;y coord;z coord;**A**;**C**;;D;F

end define

注释:

假设加工坐标系原点建在 C 轴工作台台面的回转中心上,如果 A 轴回转轴线在 C 轴工作台台面以下 69.608mm(图 10-9),则旋转轴 C 在 Z 向偏置应设为负,正如上面的情形:"elevation axis parameters = (0. 0. −69.608 0. 0. 1.)"。如果 A 轴的回转轴线与 C 轴工作台台面重合,则偏置为 0,即 "elevation axis parameters = (0. 0. 0. 0. 0. 1.)"。如果 A 轴回转轴线在 C 轴工作台台面以上 69.608mm,则旋转轴 C 在 Z 向偏置应设为正,即 "elevation axis parameters = (0. 0. 69.608 0. 0. 1.)。"

(2)B 轴绕 Y 轴旋转,C 轴绕 Z 轴旋转,A 轴轴线在 C 轴工作台台面下 69.608mm。五轴机床上双回转工作台(B 轴绕 Y 轴旋转,C 轴绕 Z 轴旋转)的坐标轴关系图如图 10-10 所示。

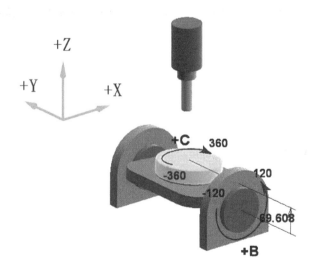

图 10-10　双回转工作台(B 轴绕 Y 轴旋转,C 轴绕 Z 轴旋转)的坐标轴关系图

需要设置的最少参数如下。

```
define format( B C)
    decimal point    = true
    decimal places = 3
end define
word order = ( + A C)
define keys
    azimuth axis      = B
    elevation axis    = C
end define
spindle azimuth rotation    = false
spindle elevation rotation = false
azimuth axis units      =    degrees
elevation units         = degrees
azimuth axis direction  =    positive
elevation axis direction = positive
azimuth axis parameters   = ( 0.  0.  0.  0.  1.  0. )
elevation axis parameters = ( 0.  0.  − 69.608  0.  0.  1. )
rotary axis limits =    ( − 360.  360.  − 120.  120.  0.01  1. )
multiaxis coordinate transform    = true
linearise multiaxis moves      = true
integer 3                    = 1
define block move rapid
    N;G1;G6;x coord;y coord;z coord;B;C;S;H;M1
end define
define block move linear
    N;G1;G2;x coord;y coord;z coord;B;C;;D;F
end define
```

10.2.3　本书使用的机床选项文件举例

1. 四轴机床选项文件（XinRui4axial. opt）

机床配置：回转工作台，A 轴绕 X 轴旋转，角度任意，Fanuc Series 0i- MC 数控系统，江苏新瑞机械有限公司生产。

首先在 DOS 模式下输入命令："ductpost- w fanucom > D：\PFAMfg\post\XinRui4axial. opt"，然后用写字板打开该文件进行修改。特别要注意，ductpost 模块对修改过的机床选项文件中的语句会取代原先的语句，也就是后处理时是执行修改过的语句，新增加的语句自动优先执行，在"XinRui4axial. opt"文件中没有修改的语句全部删除，留下修改过的语句，这样"XinRui4axial. opt"的语句首先执行。如果 ductpost 模块要处理"XinRui4axial. opt"没有修改的语句，则它会自动使用默认的控制器里的语句（也就是在"XinRui4axial. opt"中没有

修改过的语句)。"XinRui4axial. opt"文件修改后的结果如下。

```
machine fanucom        #  控制器使用的数控系统

define format(N)       # # # # # # # # # #
    not permanent      #     定义不输出行号     #
end define             # # # # # # # # # #

define format all      # # # # # # # # # # # # # # # # #
    tape position  =  1    #  定义数控代码字与字之间留一个空格  #
end define             # # # # # # # # # # # # # # # # #

define format(A)       # # # # # # # # # # # # # # # # #
    field width        = 13    #                      #
    modal              #                              #
  metric formats       #                              #
    decimal point      = true    #                    #
    decimal places     = 3     #        定义地址字 A 的格式      #
    trailing zeros     = false   #                    #
    leading zeros      = false   #                    #
  imperial formats     #                              #
    decimal point      = true    #                    #
    decimal places     = 4     #                      #
    trailing zeros     = false   #                    #
    leading zeros      = false   # # # # # # # # # # # # # # # # #
end define

word order    =    ( +   A)    #增加地址 A 到地址字输出顺序表中

define keys            # # # # # # # # # # # # # # # # #
  elevation axis   = A    #        定义第四轴 A            #
end define             # # # # # # # # # # # # # # # # #

message output     = false    #  不输出解释信息

coolant output    =   (1 1)    #输出 M8、M9 冷却指令

spindle elevation rotation   =   false   #旋转轴不在主轴上
elevation axis units        = degrees   #角度单位为(°)
elevation axis direction     =   positive     #角度方向正方向
```

```
elevation axis parameters = (0.   0.   0.   1.   0.   0. )   #旋转轴中心及旋转轴矢量
linear axis limits    = ( −1000.   1000.   −800.   800.   −600.   600. )
                                         #机床 X 轴、Y 轴、Z 轴有效行程
rotary axis limits    = ( 0.   0.   −99999999.   99999999.   0.01   1. )
                                         #旋转轴有效范围
multiaxis coordinate transform    = true    #启动多轴坐标变换
linearise multiaxis moves         = true    #启动多轴线型移动
integer 3                         = 1        #启动多轴功能


define block tape start           # # # # # # # # # # # # # # #
   N  ;  G3  54;G5  90            #            定义程序头            #
   N  ;  M1 3  ;S  ToolSpeed      #                                 #
end define                        # # # # # # # # # # # # # # #


   define block tape end          # # # # # # # # # # # # # # #
   N  ;M1  5                      #     定义程序尾                  #
   N  ;M1  30                     #                                 #
   end define                     # # # # # # # # # # # # # # #


define block tool change          # # # # # # # # # # # # # # #
   N   ;T ToolNumber              #                                 #
   N   ;change tool               #            定义换刀            #
   N   ;  M1 3  ;S  ToolSpeed     #                                 #
   end define                     # # # # # # # # # # # # # # #


define block move linear      #定义进给移动
   N;G1;G2;x coord;y coord;z coord;  elevation axis;M1;M2;    feedrate
end define


define block move rapid       #定义快速移动
   N;G1;G6;x coord;y coord;z coord;  elevation axis;   H;M1;M2
end define
end           # 文件结束
```

2. 五轴机床选项文件（Sky5axtt.opt）

机床配置：双工作台，B 轴绕 X 轴摆动，范围为 −120°～120°；C 轴绕 Z 轴旋转，角度任意。SKY2003 数控系统，南京四开电子企业有限公司生产。

假设把工件坐标系建在 B 轴与 C 轴的交点上，其结果如下。

```
machine fanucom

define format( N )
  not permanent
end define

define format all
  tape position              =   1
end define

define format( A B C )
  field width            = 8
  modal
  metric formats
  decimal point      = true
  decimal places    = 3
  trailing zeros       = false
  leading zeros       = false
  imperial formats
  decimal point      = true
  decimal places    = 4
  trailing zeros       = false
  leading zeros       = false
end define

word order   =   ( +   B C )

define keys
  azimuth axis        = B     #定义摆动轴为第四轴
  elevation axis      = C     #定义旋转轴为第五轴
end define

message output             = false
coolant output             =   ( 1 1 )
spindle azimuth rotation     =    false
azimuth axis units           =    degrees
azimuth axis direction       =    positive
azimuth axis parameters      =   ( 0.  0.  0.  1.  0.  0. )
spindle elevation rotation   =    false
```

```
elevation axis units          = degrees
elevation axis direction      =   positive
elevation axis parameters     =   ( 0.   0.   0.   0.   0.   1. )
linear axis limits            =   ( −600.   600.   −700.   700.   −350.   350. )
rotary axis limits            =   ( −120.   120.   −360.   360.   0. 01   1. )
multiaxis coordinate transform   =   true
linearise multiaxis moves     =   true
integer 3                     = 1


define block tape start
  N    ;G5   90       ;G3   54
  N    ;M1 3;S ToolSpeed
end define


define block tape end
  N    ;M1   5
  N    ;M1   30
end define


define block tool change first
  N
end define


define block move linear
  N;G1;G2;x coord;y coord;z coord;azimuth axis;elevation axis;tool radius;feedrate;
M1;M2
end define


define block move rapid
  N;G1;G6;x coord;y coord;z coord;azimuth axis;elevation axis;S;H;M1;M2
end define
end
```